室内设计师快速签单技巧高级培训教程

家装
快速设计与手绘实例

基础篇

贾森 编著

中国建筑工业出版社

图书在版编目（CIP）数据

家装快速设计与手绘实例 基础篇 ／ 贾森编著. － 北京：
中国建筑工业出版社，2014.8
室内设计师快速签单技巧高级培训教程
ISBN 978-7-112-17082-1

Ⅰ. ①家… Ⅱ. ①贾… Ⅲ. ①住宅－室内装饰设计－技术
培训－教材 ②住宅－室内装饰设计－绘画技法－技术培训－
教材 Ⅳ. ①TU241

中国版本图书馆CIP数据核字（2014）第152259号

责任编辑：费海玲　张幼平　王雁宾
装帧设计：肖晋兴
责任校对：姜小莲

室内设计师快速签单技巧高级培训教程

家装快速设计与手绘实例　基础篇

贾森 编著

*

中国建筑工业出版社出版、发行（北京西郊百万庄）

各地新华书店、建筑书店经销

晋兴抒和文化传播有限公司制版

北京顺诚彩色印刷有限公司印刷

*

开本：889×1194毫米　1/20　印张：11$\frac{4}{5}$　字数：234千字

2015年5月第一版　2015年5月第一次印刷

定价：78.00元

ISBN 978-7-112-17082-1

（25790）

前　言

在家装行业里有一个怪现象：能做好设计的人未必能够签到单。似乎"设计"和"签单"是截然分开的两码事。

但我们发现，那些多年从事家装设计的签单高手，他们都是既懂设计，又懂与客户打交道的全面型设计精英！

要想成功，其实很简单，我们只需把这些人成功的经验复制下来，然后按照这些方法去做就可以了。

你不仅要学会设计，更要学会用设计赚钱；不但需要勤快的双手，还需要勤快的头脑——家装设计签单高手是用脑袋来挣钱的。

帮助你训练自己的头脑，在30天内，快速成为家装设计签单高手，就是本书唯一的目标。

读者通过本书的学习能够解决两个问题：第一，掌握家装设计师快速签单的实战技巧；第二，掌握家装设计师快速表现的实战技巧。

需要强调说明的是，此书最大的特点，不仅仅是培训单纯的设计能力，而且更注重培训这些能力在家装设计签单过程中的实战应用。其中很多内容都是众多设计签单高手多年来的经验总结，也是成功秘笈。

无论是从基础开始学习家装设计的读者，还是想突破自我、全面提高的读者，只要循序渐进地按照书中的步骤坚持下去，家装设计签单能力必将大有长进。

贾森

编写说明

在家装公司的客户接待流程中，常常把从设计师第一次接触客户，到最后签订设计或施工合同这个阶段的工作叫做"签单"。

家装公司的工作是从设计师签单开始的。设计师不能成功、顺利地签单，其他一切工作都无从谈起。

家装设计师最显著的特点就是每天必须亲自面对客户"签单"，每一笔合同都必须通过自己不懈地"征服"客户才能得到。因此，签单是家装设计师最重要的工作，也是最关键的工作。

我们发现，那些成功的家装设计师不仅仅是"方案设计"的高手，同时也是跟客户"打交道"的高手。家装设计师必须"设计"和"签单"两手都"硬"。

有人说，家装设计的签单，方案设计最难，是"学不会的"，要有"天才"才行；看人家做的方案很好，却不知怎么学，无从着手。有人说，家装设计的签单，和客户"打交道"最难，似乎客户的心理永远也摸不透，不知道为什么总是遭到客户的拒绝。

每个设计师都渴望自己成为家装设计签单高手，无论家装公司主管、普通设计师，还是业务员。他们想提高自己的快速签单能力，就是不知从何学起。这本书就是为满足这些人的需要而写的。

有关家装设计的书籍很多，但真正致用的却不多。本书作者讲述了自己长期的家装设计经验和成功签单秘笈，边举例边分析，理论和实践结合。相信读者按照本书所传授的方法，坚持学习和实践，就能一步步成为家装设计签单高手。

丛书编委会

目　　录

第五章
方案设计与空间调节
——怎样进行家装空间的调整和改造

第六章
墙面设计与手绘表达
——方案创意与电视背景墙造型设计

第七章
色彩搭配与手绘表达
——家装方案与色彩创意的快速表达

第一章
家装签单与方案设计
——快速手绘表现让家装签单更轻松

除了熟练掌握跟家装客户打交道的能力，家装设计师的方案设计能力起着决定性的作用。其中，设计师能否当场作出充满创意的设计方案，并且快速手绘表达出来，起着非常关键的作用。

家装设计师签单的一般流程

现在很多家装公司实行的都是设计师负责制，因此，家装设计师d接待家装客户的一般接待流程是这样的：

1.家装双方洽商装修意向

这是家装设计师接待家装客户的开始，家装双方首先要进行充分的交流和沟通。一般情况下，家装客户会先提供要装修新居的建筑平面图，同时介绍自己的装修想法；设计师也会针对家装客户的装修想法提出一些装修建议，并且会给家装客户介绍一些家装知识。

家装客户向设计师咨询

2.设计师实地上门测量

在家装双方初步达成家装意向后，如果家装客户没有建筑图纸，设计师就需要上门现场测量。这时设计师可以现场观察要装修的房子的空间结构和特征，进一步具体听取家装客户的装修想法，并且绘制出平面测绘图。

设计师现场进行测绘

3.绘制设计方案和报价

接下来，设计师就需要根据家装客户提出的装修要求和想法，作出初步的设计方案图，并且作出相应的预算报价。

在开始动手设计前，很多设计师都会要求家装客户交付一定的"定金"。但是，这时客户往往并不十分情愿交，或者只是象征性地交很少的"定金"。因此，也有相当多设计师迫于市场压力并不收取"定金"，为家装客户提供免费的家装设计，这就为设计师接下来的工作带来了很大的压力。在这期间，因为没有定金和合同的保障，设计师的"风险"很大，往往一个很小的细节失误，就会使得家装客户"一去不复返"，前期的整个签单工作就也就"前功尽弃"了。

4.修改与完善设计方案

这一步主要是家装设计师通过与家装客户的反复协商，修改和完善设计和预算方案。例如：对一些装修细节的推敲，如整体的装修风格、立面的造型、材料和色彩的运用等。当然，也包括相应的预算报价方案的调整。这个过程往往会需要花费设计师很多时间，要出很多个方案，需要往返很多个回合。

5.确定方案和双方签约

这一步主要包括家装客户确定设计方案，签订家装设计或装修合同，设计师收取装修定金或工程款首期。这是家装签单过程中最关键的工作，如果客户签约，就意味着设计师前期的签单工作没有白费，所有花费，都可以在下来的装修施工中得到一定的回报。

要得到家装客户的装修合约，除了要提供客户满意的设计方案和报价方案，设计师还需要具有一定的和客户打交道的能力和技巧，比如沟通能力、谈判能力、签单的能力等。

设计师签单实例

　　这是一个家装设计师签单实例。该家装客户是一个五口之家的富裕中年家庭，夫妇二人和一对年老的父母及一个上学的孩子。

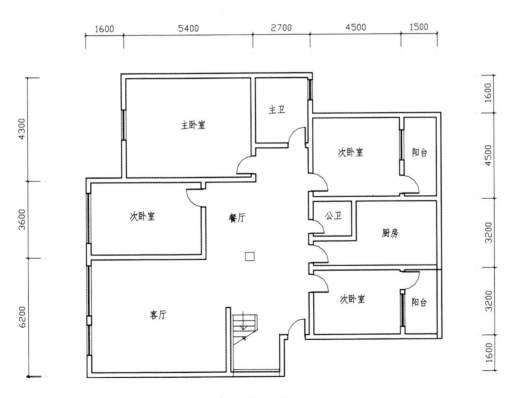

家装客户提供的原建筑平面图

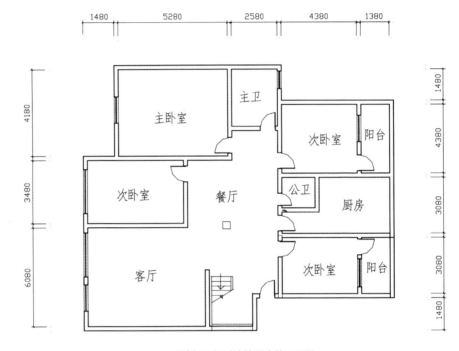

1480   5280   2580   4380   1380

1480

4180

3480

6080

4380

3080

3080

1480

主卧室

主卫

次卧室

阳台

次卧室

餐厅

公卫

厨房

客厅

次卧室

阳台

设计师现场测绘的原建筑平面图

问题1：没有签合同就画图

设计师提供的设计方案图纸，一般要包括：平面布置图、顶棚及地面布置图、立面布置图和效果图等。这时设计师最头疼的事情就是：因为家装双方仅仅只是作了一些初步的语言沟通，家装客户对家装设计师的设计能力还没有"底"。因此，让他们交纳一定的设计定金往往非常困难。设计师往往不得不在没有定金保障的情况下继续为客户画图设计。

6.设计师现场技术交底

这一步主要是设计师给施工人员讲解设计图纸中的要点和难点。这是一个沟通和交流的过程，设计师把设计图纸中的一些设计要点和技术难点详细地给施工人员作一说明，施工人员如果对于设计图纸有不清楚不明白的也会在这时提出来。这个过程很重要，一些图纸上的问题，不要等到施工后才发现和解决，最好能在此发现和解决。有些施工人员有丰富的施工经验，也会有一些很好的建议，设计师也可以及时吸取和调整。

现在很多的家装施工人员对于施工图纸都不重视，有些甚至看不懂图纸，用"嘴"来说方案，这是极其有害的。这非常容易在施工中产生错误，验收时也缺乏根据，这是许多家装纠纷的根源。

7.设计师现场查看施工

这一步主要是设计师现场指导和检查施工。这是家庭装修的实施阶段，一般要经过2~3个月的时间。在这期间，设计师要经常到施工现场指导施工人员的操作，如果发现问题，要及时处理；对于一些施工人员的违规操作，也要及时发现和处理。

在这个阶段，设计师要注意按照施工的进度，根据合同规定收取施工进度款。

问题2：客户反复多次地修改

这也是家装设计师头疼的问题：家装客户往往会不断地变换装修的想法，对设计师提出的方案进行随意的修改，而且，一天一个想法，一天一个样，一会儿认为这样好，一会儿认为那样好，使得设计师无所适从。

问题3：看不懂设计图纸

由于家装客户大都不是专业人士，因此对于设计师提供的设计施工图纸，往往都很难看懂；或是一知半解，仅凭自己的想象来理解；一些施工人员也存在这样的问题。这就为完工后的竣工验收埋下了"定时炸弹"：如果到时做出来后跟他们原来的想象有出入，就会容易引起家装纠纷。

设计师现场检查施工工艺

问题4：验收结果有出入

家装施工是一个相对较长的过程，涉及的工艺流程比较复杂，材料品质、人员操作等工程质量监督工作很重要（特别是一些隐蔽的工程），对于装修后的效果和质量起着很重要的作用。

在竣工验收时，设计师和家装业主往往很难把握如此众多的施工操作环节，结果造成装修后的样式、材料品质和工程质量跟家装客户要求的有出入，由此引发家装纠纷。

家装客户和设计师现场竣工验收

问题5：不能带来新的客户

在家装过程中，纠纷是难免的。关键是如果有了纠纷，能否妥善地进行处理。

传统的家装流程不太注重和家装客户建立起长期的"朋友"关系，缺乏一系列有效的方法来维持或保障这种关系，更不能带来新的生意，基本上是"做一单少一单"。

8.施工方案的修改与调整

在施工期间，家装设计师对于一些和设计与效果有出入的地方，可以再作一些修改和调整。当然业主也许会有一些修改的想法和意见，设计师也要及时处理。但是，此时要避免频繁地修改，这会造成施工成本和费用的增加，也会影响设计的整体效果。

9.装修施工竣工和验收

这是家庭装修工程的最后完工阶段，设计师、施工单位和家装业主一起验收工程，收取工程款余款。

在验收中，家装客户难免会发生一些纠纷，一般都是因为装修效果不理想，跟原来想象的有差距；或者最后决算的装修费用超出原来预算许多。这时，妥善处理家装客户的不满，就是设计师一个很重要的问题，处理好了，该家装客户就会比较顺利地付工程款尾款，并且还有可能介绍新的客户；否则，不但工程尾款很难收回，而且还会产生负面作用，影响很多新的客户签单。

10.总结归档，保修期维护服务

施工完工后，需要把设计文件整理好，并保存好工程设计相关文件，此外，还要注意装修工程的保修维护期服务。不要以为家装施工工程完了，就结束了，和家装客户保持长期良好的关系非常重要。

签单贯穿设计师全部工作过程

一般来说，我们把家庭装修流程中设计师从第一次接待家装客户为客户作设计方案到最后和客户签定家装合同这个过程叫"签单"。

如果从狭义上讲，从流程（1）洽商意向到流程（5）确定方案、签约是设计师签单的工作。从广义上讲，上面所说的整个家装设计师工作流程都应该是设计师的签单工作，因为签单成功的定义是收到钱（工程款），而家装工程是在完工验收后才付完全部工程款的。

我们这里讲的主要是广义的签单，它是指设计师为了达到签订家装合同而所做的一切工作。

流 程 图

```
                        装修咨询
                          │
    填写预约表 ──无──  有否住宅平面图
                          │有
    现场度尺           看样板房
                          │
                       平面方案设计
                          │
                       预算报价
                      施工 │ 设计
                       签订施工合同
                  ┌───────┴───────┐
    办理装修手续              施工方案设计
                          完成 │ 修改
                          业主审图、确定施工方案
    施工队进场   设计师现场交底   增改工程项目（核价）
                          │
                    装修、施工工程监理
                          │
                       工程验收
                          │
                       工程结算
                          │
                    维修服务（保修一年）
```

家装设计师接待客户的一般流程

怎样让家装设计和签单更轻松

"签单"是家装设计师所有工作中最重要的，也是最关键的工作。

对于设计师签单来说，传统的家装流程中暴露出的问题很多，其中最突出的就是设计师签单"难"的问题，尤其是那些刚入行的年轻设计师。

每年都有大量的年轻人进入家庭装修设计这个既充满诱惑又充满挑战的行业。这些年轻的设计师大都是公司中最辛苦、最勤奋的。然而，最让他们感到苦恼的常常并不是工作的辛苦，而是另外一个原因：

每次接待一个家装客户时，尽管自己已经出了很多方案、画了很多的图，**但对于客户最终是否会签合同，他们仍然一点把握都没有**；他们所做的这一切，最终的结果，也许仅仅是客户在众多候选方案中又增加了一个数字而已。

为什么无论他们怎样努力地做设计，大多数时间里却总是受到家装客户的抱怨，最终结果常常都是因客户不满意而失去家装合同？

为什么不能让设计师签单更容易、设计更轻松一些呢？我们所倡导的"快乐家装"就是在这种情况下产生的。

第一步
装修设计咨询 收取设计定金

这是快乐家装设计的前期准备阶段，也是最关键的阶段。设计师一定要在客户初次来访的短短的几分钟之内吸引住客户，并建立起良好的印象和信任感。然后，通过设计师娴熟的沟通技巧、扎实的

设计师最"头疼"的工作

对于那些年轻的家装设计师来说，签单也许是他们工作中最"头疼"的事了。他们就像是前线的战士一样，每天必须鼓起勇气，不断地承受可能前功尽弃的痛苦折磨。但是无论如何，这是竞争激烈的家装行业现实一面。

家装客户最烦恼的事情

家装设计师如此，对于那些急于装修的家装业主来说，又何尝不是这样呢。长期以来，家装难，家装烦，随便问一个做过家装的老百姓，烦恼的事情每天不知要遇到多少。

快速方案设计能力以及丰富的装修知识来征服家装客户，达到当场让客户付设计定金或签订设计合同的目的。

这个阶段设计师主要的工作是取得家装客户信任，并在此基础上，收取定金或签订合同。为取得家装客户信任，设计师必须充分显示自己的设计实力；而显示实力，就要求设计师能够快速做出客户满意的设计方案；要快速做出设计方案，除了具备徒手画能力外，还要能在短时间内了解到客户的真实装修想法。

因此，这个阶段设计师的工作主要有以下一些内容：

①显示设计师实力 赢得客户信任

设计师为了迅速取得家装客户的信任，首先必须显示出自己的设计水平和实力。因此，一般设计师会首先向家装客户介绍自己做过的样板房装修和设计实例，介绍公司和设计师的背景情况。有的用电脑介绍，有的用画册和照片册，有的直接带领客户参观装修现场实景和实物。

②充分了解客户的真实想法和需求

这个工作实际上是和上一个工作交叉进行的。设计师在介绍自己"实力"的同时，也要及时了解家装客户的装修需求，特别是客户的真实想法。设计师一般是通过问话、交谈、填写家装客户装修咨询档案表等方式，把了解的家装客户的基本情况详细地记录下来。

③初步做出设计方案草图和报价

如果家装客户带来了平面图，则设计师会根据家装客户的装修想法和意图，当场用手绘的方法提供一套平面布局设计方案草图。有条件的还同时快速手绘出效果图（或电脑效果图），并且，当场根据设计方案做出几套初步预算报价。

这个工作也是设计师进一步了解家装客户装修想法的过程。设计师可以一边徒手画出方案草图，一边介绍和讲解，同时随时注意听取和观察家装客户对设计方案的意见和反映。

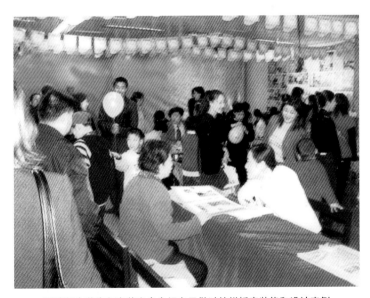

设计师会首先向家装客户介绍自己做过的样板房装修和设计实例

如果家装客户看到设计师提出的设计方案后，提出了自己的意见，设计师应认真分析和吸收，提出自己的修改意见，并马上做出调整修改后的方案。

④及时签订设计合同和收取设计定金

经过双方的充分沟通和交流，家装业主对于家装公司的施工和服务水平、设计师的人品、设计能力、以及设计方案和预算报价都会有了比较明确的认识和初步了解。

设计师现场向家装客户介绍公司和设计师的背景情况

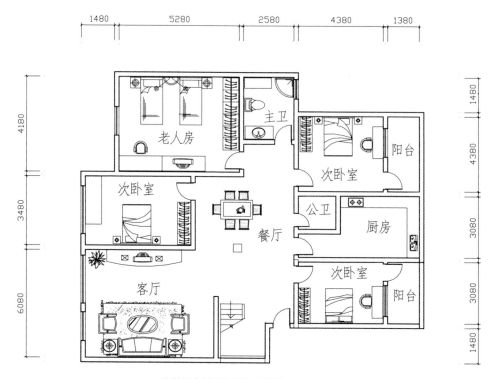

家装客户提供的平面布置图

设计师接单实例

为了说明自己装修想法，家装客户还自己画了一张平面布置图给设计师参考。

应该说该家装客户这套新居的平面格局还是不错的：面积比较充裕，布局也比较合理，尤其是客厅，面积比较宽敞，比较符合该业主的身份和地位。

但是，和许多新居的建筑格局一样，该户型格局还是存在一定的空间问题，这些问题，正是设计师需要在装修时加以调整和改进的。如：卫生间开门方向问题、餐厅布局问题、楼梯方向问题、阳台分配问题等。

怎样解决好这些问题，是设计师进行家装设计最主要的问题。

在图中，设计师采用一边了解客户的情况，一边用当场手绘的方法对家装客户提供的原建筑平面布置图进行分析。

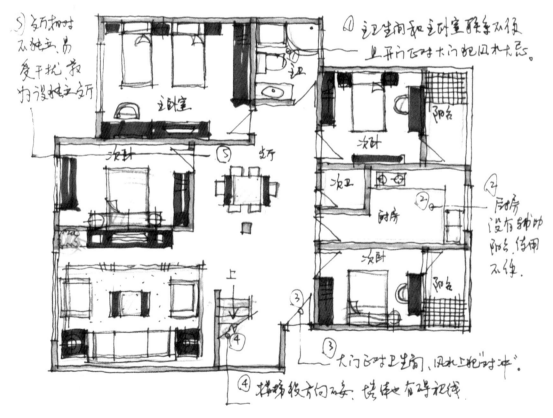

设计师当场手绘完成的平面布置分析草图

这时，如果家装客户对设计师提出的设计方案流露出满意，设计师就应该适时地提出签订设计合约的要求，并适当收取一些设计定金。如果这时家装客户已对设计师比较信任，那么，一般是不会有太多的阻力的。

一定要鼓足勇气在这个时候对你的客户明确提出这个要求，不要怕遭到拒绝。这一步是非常必要的，合同是一定要签的，定金的数额可以酌情，但也是一定要收的。一般只要客户签了合同并付了定金，这单设计也就定了，90%以上的客户都不会反悔的。

收取设计定金并不难

能否收取设计定金对设计师顺利进行下一步的工作非常重要。

一般来说，当家装客户看到设计师手绘的方案草图甚至是效果图后，对于设计师的设计能力以及装修后的效果心理就有了"底"，这时设计师要求付定金就不会很难。

第二步
预视完工效果　确定设计方案

这个阶段是快乐家装的方案设计阶段，也是最能显示设计师的设计水平和方案功力的阶段。拿出的方案对家装客户一定要有吸引力，这一般都取决于家装设计方案是否有很好的创意。你必须拿出浑身的解数来做出家装客户满意的设计方案，**家装客户不满意的次数越多，签单的希望就越渺茫。**

在快乐家装设计中，设计师非常重视手绘效果图的作用，要求设计图纸尽可能做到"完工预视"：即利用透视效果图把完工后的实景效果提前给客户看到。让客户真正感受到装修后的真实样子，完美体验装修后的效果，是打动设计师签单的热钮。

此外，利用快速手绘效果图的方法让装修的价格透明化和可视化，所花的每一分钱都看得见，做到明明白白装修，也是非常必要的。因为客户只有对设计方案的样式和材料价格心中有数，才可能放心地跟设计师签订家装合同。

这个阶段设计师的工作主要有以下几个内容：

①设计师上门量房

设计师对家装客户住宅进行现场勘察，感受空间状况，丈量尺寸，原有结构摸底。把原住宅现状绘制出准确的平面图和立面图等。

②进一步修改方案

根据现场勘察情况和家装客户的意见要求，对上次的设计方案草图作进一步的调整和修改。用电脑准确地绘制出平面及立面图设计方案，有条件的要尽可能附有手绘或电脑效果图。同时做出相应的调整后预算报价表方案。

③尽快确定设计方案

经过多次的交流和沟通，做出进一步深入细化的设计方案和报价表，在充分征询业主意见后，尽快确定家装设计方案。

应该注意的是，一定要争取家装客户能针对设计师提出的家装设计方案当场提出修改意见，设计师也要争取能当场修改方案，直至客户满意。要做到这一点，有一个前提，就是设计师一定要设法让家装客户对设计师提供的方案很明白；另一方面，设计师要有能力当场快速表达出设计方案和修改后新方案。因此，设计师能否具有较高的方案设计能力和较好的快速手绘表达能力就显得非常重要。

同样也应该注意，如果家装客户对设计方案没有异议，设计师最好及时提出签字的要求。家装客户能马上签字确定设计方案和报价方案，就不要拖到以后。

这个阶段设计师的主要工作是确定设计方案。要想尽快确定设计方案，必须做出让客户满意的设计来；要做出让客户满意满意的设计方案，设计师跟客户的交流沟通非常重要；而要搞好沟通，就必须掌握好快速手绘徒手画表现技巧。

设计师对家装客户住宅进行现场勘察和测绘，尤其要注意一些梁柱高低和畸零空间的尺寸。

注意房间的长、宽、高和门窗

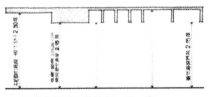

注意房间梁、柱的长、宽、高

设计师接单实例

这是设计师当场完成的调整后的平面布置图。

围绕原建筑平面图出现的家装问题，设计师提出了一系列解决办法，并且当场画出新的平面图给客户。这些解决方案，充满了设计师的智慧和设计创意，是最能发挥设计师才艺的地方，也是设计师最能赢得家装客户信任的地方。应该说，能否妥善地解决这些家装问题，这也是家装客户请设计师来做家装的根本目的所在。

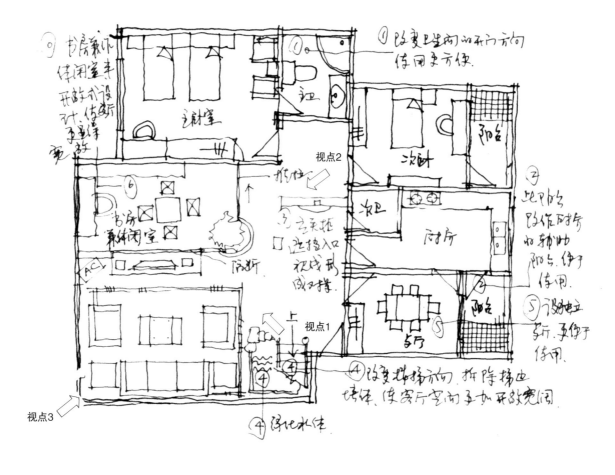

设计师当场手绘完成的调整后平面布置图黑白线条稿

设计师主要是在下面一些地方进行了调整：

首先在房间的配置上进行调整，在一层较大的卧室安排老人房，靠近客厅的卧室改作休闲房兼书房，靠近大门的卧室改作独立的餐厅，这样使得内外空间分隔更加合理，减少干扰；同时把靠近厨房的阳台也划归其单独使用，使得厨房更加合理。

其次是对空间格局进行了调整：如主卫生间改变了开门的方向，使其开向老人房，这就大大方便了老人的生活；拆除靠客厅卧室的隔墙，改为开放式隔断，同时也拆除了楼梯的隔墙，调整了楼梯方向，使得客厅更加宽敞明亮，很有气派；厨房和餐厅间拆墙开门，增加联系。

为了调整大门"对冲"，增加了门厅，也使得内外分区更加合理。

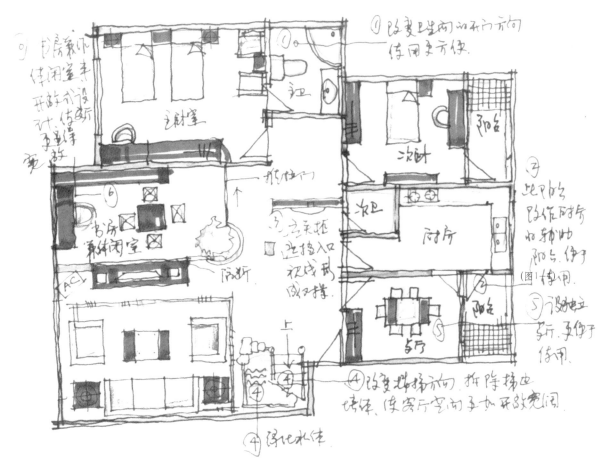

设计师当场手绘完成的调整后平面布置图彩色完成稿

设计师接单实例

家装设计签单过程是一个家装双方不断交流和沟通的过程，仅仅用语言是表达不清楚的，因此快速手绘平面图尤其是效果图就显得十分重要。

设计师的快速手绘平面图和效果图，不仅很好地显示了自己的设计实力，同时也使设计师跟客户沟通交流更容易。因此，设计师签单高手往往都具有很强的快速手绘能力。

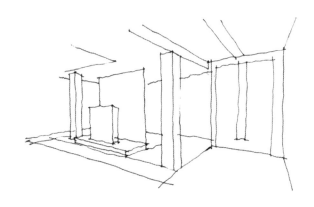

第一步　设计师当场手绘完成的客厅效果图黑白线条稿（视点1）

第二步　设计师当场手绘完成的客厅效果图黑白线条稿（视点1）

设计师手绘的效果图主要是表现了家装设计方案完工后的设计效果，这就是所谓"完工预视"。在家装设计签单过程中，一幅理想的效果图是启动家装客户签单的热钮。

家装设计方案的空间效果以及方案所谓"艺术性"部分更多地是通过效果图来表现。因此设计师在手绘效果图时，要妥善处理好设计方案的造型、材料以及色彩的关系。

设计师在手绘效果图主要是要突出反映设计方案中的最吸引客户的"华彩"部分。

第三步　设计师当场手绘完成的客厅效果图彩色完成稿（视点1）

本方案设计师在空间艺术造型上的创意灵感来源于佛教的"禅"：

空灵仿如日月星语，向人们诉说着夏日清凉，若隐若现的通透情绪，表述着静谧的禅意；米黄大理石构成简洁的造型将门厅的视野延伸并巧妙地掩饰了卫浴区的位置；密密排列的黑胡桃木构成了客厅与和室相通连的风景，强化了客厅宽敞的效果；造型简洁的楼梯与独具匠心的绿化区点石成金，形成一道美丽的风景与点缀。

第三步

精心设计预算　签订施工合约

这是快乐家装施工图设计阶段，也是最后要签订施工合同的阶段，一般往往和前一个阶段的工作一起进行。在这个阶段，一般要进一步落实设计、预算和施工方面的细节问题，图纸文件和说明要做到准确、明白和完整，打消客户签单前的一切顾虑。施工图纸要尽量配合有立体透视效果图和材料样板。

这个阶段设计师的主要工作是施工图、报价表和签订施工合同。相对于签单工作来说，签订施工合同最重要，在家装中，施工合同往往是家装公司和设计师收入的主要来源。然而，正因为牵扯到资金投入比例较大，所以家装客户往往会更慎重。如客户仅仅只让你做设计方案，而把施工委托给别的公司去做，那你就损失大了。

在这个阶段中，设计师主要有以下工作内容：

①绘制施工图

用电脑绘制施工图及节点大样详图。

②编制报价表

用电脑根据设计图纸编制详细工程报价单。

③征询客户意见

约请客户看施工图纸、施工方案和施工说明以及预算报价表，并进一步征询客户意见。

④签订施工合同

双方确定施工方式，确定施工图纸和施工报价表（签字认可），并签订施工合约及相关文件，收取工程款首期。

家装签单链接

这一步是家装施工前的准备阶段，关键是要让家装客户对设计师的设计方案有充分地了解，并且不能再有疑虑。这时，家装双方都不能操之过急，工作做得越充分、越细致，将来家装双方的纠纷就会越少、装修效果也就会越好。

关于这部分的详细内容，请参阅本丛书《家装快速签单与手绘实例　基础篇》的相关内容。

设计师接单实例

　　当场让家装客户给出修改意见并确定设计方案，对于设计师签单很重要。

　　这是因为如果设计师每次接待客户看设计方案时，对于家装客户提出的修改意见都是"过几天"再拿出新的方案给客户看，那么设计方案就会很难确定下来。家装客户的想法可能会是一天一个样，即使是现在定下来的方案，过几天再看又会变化的。

　　要做到这一点，设计师必须培养当场手绘设计方案图（尤其是效果图）和当场报价的能力。

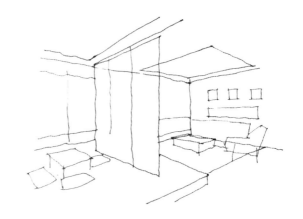

第一步　设计师当场手绘完成的客厅效果图黑白线条稿（视点2）

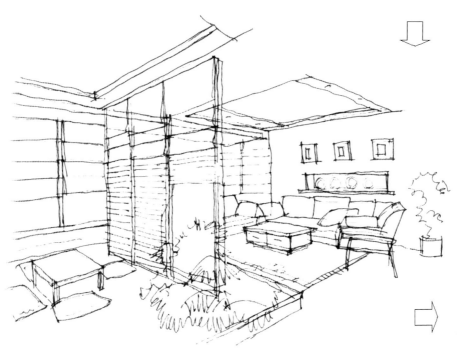

第二步　设计师当场手绘完成的客厅效果图黑白线条稿（视点2）

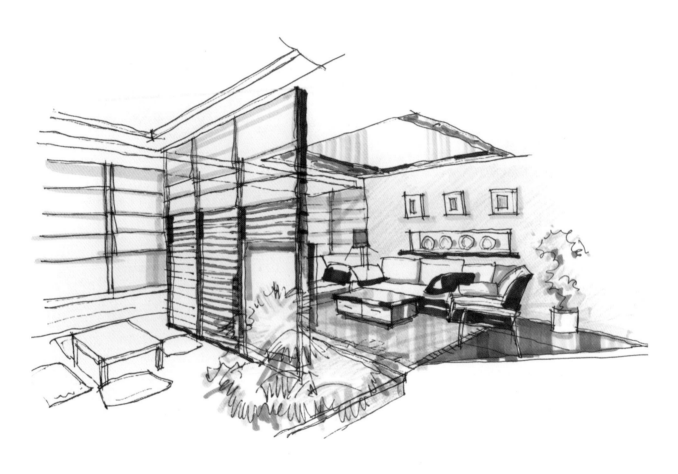

第三步　设计师当场手绘完成的客厅效果图彩色完成稿（视点2）

第四步
工程技术监理 整体完工验收

这是快乐家装设计实施阶段。设计方案效果的好坏，工期能否保证，利润能否实现，客户是否能满意地验收并付清余款，客户是否会转介绍新客户等等，都必须通过这个阶段的工作来完成。

这个阶段设计师要严把施工材料、施工工艺的监理和验收关。客户验收时，由于前期设计师无论是设计方案还是报价都让家装客户明明白白，因此，即使出现一些不理想的地方，家装客户也很容易接受。

这个阶段设计师一般有以下一些工作内容：

① 在施工过程中指导工艺技术，监理施工工艺，完工后协助业主验收。严把质量关、特别是对于隐蔽工程，更要及时验收，不留隐患。
② 协助业主签订材料、家具及其他装饰材料，完工后总体调整房间设计效果。
③ 按施工阶段收取工程款，并建立质量跟踪服务以及保修制度。
④ 建立客户服务档案，争取装修客户转介绍。

综上所述，我们可以看出，在快乐家装设计中，设计师签单过程和方式方法与传统的要求是不同的，其中最显著的特点：

一是设计师跟家装客户现场沟通交流。设计师要用出色的设计方案征服客户，做到当场出设计方案和当场报价；如果家装客户对方案有意见，也要让家装客户当场提出意见，设计师必须在业主给出修改意见的同时就当场修改，马上做出新的调整方案，并当场给客户看。争取设计方案问题当场解决，并在没有异议后当场签单。尽量避免日后再提出，以免造成没完没了的反复修改。

二是方案设计过程可视化，要求价格透明化、设计可视化。尤其要提倡用客户容易看懂的立体效果图来表达方案设计意图，整个签单过程让客户明明白白。强调用客户能看懂的彩色效果图表达，不仅仅用嘴"说"方案。家装设计用的什么材料，钱都花在哪里，都清清楚楚看得见。只有家装客户对设计师的设计方案明明白白，他才有可能提出自己的意见，直到满意地签单。

快乐家装在客户接待程序上强调的是在装修过程中让家装双方都感到"快乐"：设计师不再担心自己签单的努力得不到"签单"回报；家装客户也不用再担心装修效果得不到保障而迟迟不敢签定合约。在整个家装签单过程中，家装双方都很"放心和满意"——设计师由于不用担心无法签约而更加投入地设计，而更好的方案和服务也会让家装客户更加满意和放心地签单——这就大大提高了设计师的签单成功率。

当然，要做到这些，这对家装设计师要求是比较高的。设计师除了具备比较全面的家装知识和能力，丰富的施工验收经验以及有效地和家装客户"打交道"的能力外，有两点是必须具备的：一是要求设计师首先有要有较高的设计水平和方案能力；二是具有快速手绘效果图表达能力和预算报价能力。

家装签单链接

这方面的方法和技巧，以及关于家装施工监理和检查的详细内容，我们会在本丛书其他分册，关于装修施工工艺的培训中详细阐述。

设计师接单实例

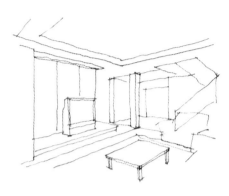

第一步　设计师当场手绘完成的客厅效果图黑白线条稿（视点3）

第二步　设计师当场手绘完成的客厅效果图黑白线条稿（视点3）

第三步 设计师当场手绘完成的客厅效果图彩色完成稿（视点3）

设计师接单实例

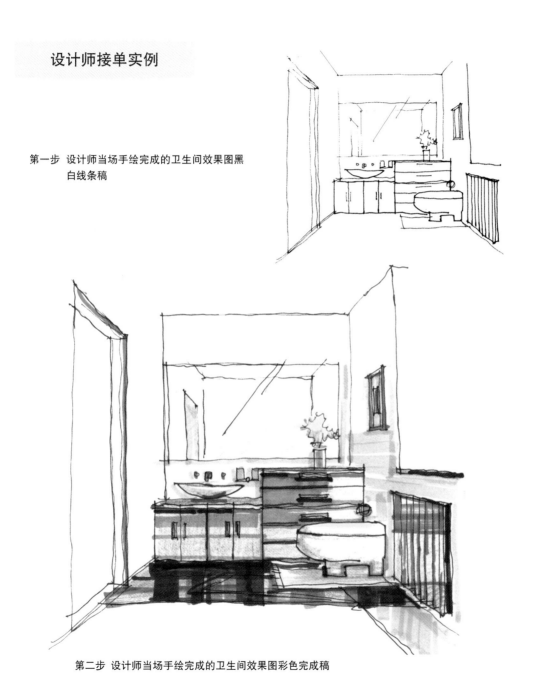

第一步 设计师当场手绘完成的卫生间效果图黑
白线条稿

第二步 设计师当场手绘完成的卫生间效果图彩色完成稿

第二章
方案设计与方案创意
——家装设计方案仅仅是为了好看吗？

家装设计仅仅是为了好看吗？很多设计师都不能正确回答这个问题。而能否正确回答这个问题，却是做好家装设计的关键。回答得越好，签单的成功率就越高。

家装方案设计与创意

创意对于家装设计师来说是非常重要的，家装客户之所以花钱到家装公司请设计师来做设计，很大程度上是因为需要设计师能够提供一个有创意的设计方案。在家装设计签单过程中，"创意"几乎成了设计师的代名词，无论设计师的口才多么好，最终决定家装客户签单的还是设计方案的创意。因此，每个设计师都希望自己是一个创意大师。

什么是设计创意？目前没有一个确切的定义。创意一词按照当下的模糊概念，意指一个成型的想法或仅是一瞬间的念头。设计创意或许是指设计中的创造意念，即是指不同于已有的、崭新的设计思路。

正因为如此，很多设计师在家装设计时常常搞不清楚什么是创意，为什么要创意？以为创意仅仅是方案造型的新奇，认为只要把设计方案搞得花里胡哨、让人看不明白就是有创意。其实，在家装设计签单时，所谓的家装设计方案的创意，我们可以这样简单地理解：**在家装设计签单过程中，设计创意就是设计师对于家庭装修中出现的家装设计问题解决的能力——有时是技术上的，有时是经济上的，但更多**的是设计上的。如装修的风格，立面的造型，空间的调节，气氛的营造，色彩的运用等等。这些问题的解决，就是我们进行家装设计的目的和功能，因此，我们还要进一步搞清楚家装设计的真正含义。

家装签单链接

关于家装设计创意的详细内容，可参见本丛书提高篇相关内容。

创意是感性的产物。由于它是灵感的直接产物，所以它区别于设计思想的理性部分，尽管它的成型依赖于理性的把握，它更多地保持感性的成分。就像所有的艺术一样，家装设计中的感性即是设计赖以生存的条件，尽管它的生成过程一再地为理性所锤打，它依然是依靠感知来传达它的实质。

创意是设计的命脉。创意虽是一个十分感性的东西，但却又是一个起始的原动力，其后发生的一切均是以此为圆心而转动，并以理性来协助完成的。创意所兆示的未来性包括自身的可能性，是否具有真正的创造精神，是否有着进一步开拓的价值，是否留有较大的局限，尤其是创意所反映的是否是急功近利，甚至是不择手段，即违背设计中的伦理精神，这些都会遏制设计的根本意义。

设计师签单实例

设计创意最吸引人的地方就是其独创性。在家装设计签单时，这是最能发挥设计师设计水平的地方，也是最能赢得家装客户信任的地方。

这是一个年轻家庭的客厅设计实例。该客厅面积较小，沙发位不够。但是该装修家庭却是一个好交际的生意人，需要经常接待朋友来访。这让家装客户非常头疼。

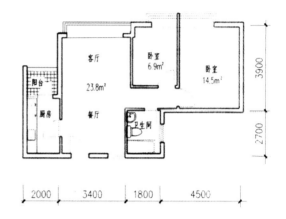

家装客户提供的原建筑平面图

下图是设计师在签单时当场为家装客户手绘的设计效果图。图中，设计师充分利用较为宽大的凸窗窗台，巧妙地改为沙发坐垫，很好地解决了座位不够的问题；同时在电视背景墙上方用一片镜面，把空间延伸，减少了原来狭小空间的压抑感。这些无疑都是在设计过程中很好的创意。

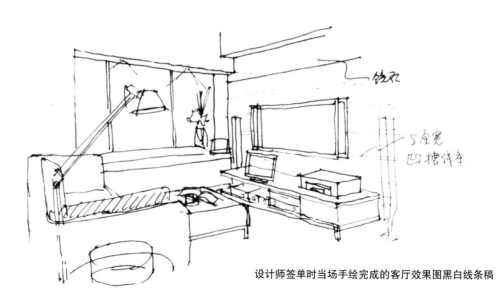

设计师签单时当场手绘完成的客厅效果图黑白线条稿

设计师当场手绘完成的客厅效果图彩色完成稿

家装设计的基本概念

　　什么是家庭装修设计？简单地说，家庭装修设计就是为满足人们对于家庭空间在物质和精神上的功能要求所进行的理想的内部环境设计。家装设计的基本特征包括三个方面：

1.空间关系合理的家庭内部

　　创造合理的内部空间关系，即根据家庭住宅室内空间的类型、性质和实用机能科学地组内部空间，要尽量做到布局合理，交通便捷，空间层次清晰、明确。

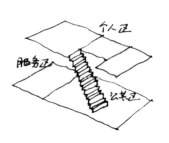

某家装设计方案功能分区和动线分析图

家装设计其实就是生活方式的设计

社会上一些人把家庭装修片面地理解为奢华和享受，或仅仅是视觉的美化和装潢，尤其是一些家庭装修刚起步的地方。

所以，一些设计师在装修时只知道一味盲目地"堆砌"豪华材料，以为只要这样就可以设计出家装业主满意的家庭装修方案，这显然是错误的。

其实，家装设计其实就是一个家庭的生活方式的设计。它的真正目的在于合理地计划生活空间和设计理想的生活环境，在于创造适于人们生活、工作和休息的理想的时空环境，从而促进人类精神文明水准的提高。

2.舒适的家庭内部空间环境

创造舒适的家庭内部空间环境，就是要求满足人们在生理上对室内空间环境的愉快和舒适感，如适宜的室温，良好的通风，怡人的绿化，适度的照明等等，使人心旷神怡。

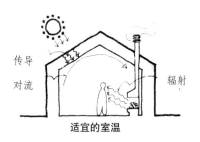

适宜的室温

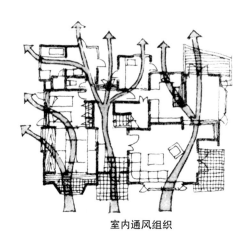

室内通风组织

适度的照明

3.惬意的家庭室内空间环境

创造惬意的家庭室内空间环境，就是满足人们的精神要求，使人们在室内工作、生活和休息时感到心情愉快。特别表现为对家庭环境的造型和空间的处理、色彩的搭配等方面，使人们对环境的情调和意境感到合意。

所谓创造合理的内部空间关系，实际上指的是家庭环境使用方面的问题；创造舒适的家庭内部空间环境，实际上指的是物理方面的问题；而创造惬意的家庭室内空间环境，实际上指的是美学方面的问题。

所有这一切，才是家装设计的全部概念，而概念的中心就是为了创造理想的内部生活空间环境。

设计师在家装设计时，要表现惬意的家庭室内空间环境，往往离不开快速手绘表达。

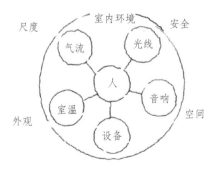

家装设计与室内外环境的关系

设计师签单实例

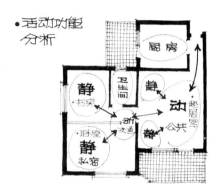

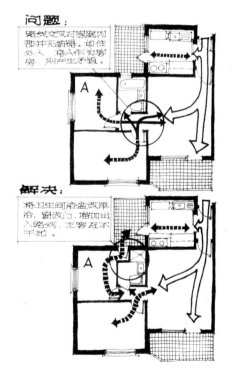

某设计师手绘的家装设计方案功能分区和动线分析图

设计师签单实例

这是某设计师家装设计签单快速手绘实例。为了表现方案所设计的惬意的厨房环境，设计师当场手绘了厨房地设计方案效果图。图中设计师特别注意了表现了厨房和就餐空间的处理、以及橱柜和吧台的造型、色彩的搭配等。

设计师当场手绘完成的厨房效果图黑白线条稿

就餐时可观
赏窗外景色

分隔就餐空间

设计师当场手绘完成的餐厅效果图彩色完成稿

家庭装修为什么先要设计

为什么要进行家装室内设计？一些设计师片面地认为家装设计就是为了好看，只要样子好看，吸引人就可以了。

其实，家装室内设计的目的主要有以下两个方面：

1.最低目的：提高家装室内环境的实质条件，以提高人们的物质生活水准。这是室内设计的前提，也是我们必须做到的。

2.最高目的：提高家装室内环境的精神品格，以保障人们健康和快乐生活的质量。

家装室内设计不只是服务于个别家庭对象的需求，也不只是以实现设计功能为满足，它的积极意义主要在于掌握时代观念、创造人类良好的人际关系，通过提供安全、舒适、美观的工作与生活环境和方便的生活方式，促进社会、人与人之间更加融洽自然的交流。

室内设计的起点与终点都是为了"人"：人为生存而设计，设计为需求而存在。因此，室内设计的目的在于提高人类的生活质量，创造更美好的"人·自然·社会"的和谐环境。我们**通过家装设计来调整和改变我们的生活方式和生活结**构，从而创造新的生活观念与生活方式。

因此，家装设计的目的不仅仅是为了好看，更是为了让家庭生活的空间环境和生活方式更加舒适。这当然包括家庭装修的样子，但更主要的是空间环境的调整和改造，比如功能分区设计、交通动线设计、空间的舒适感设计等等。

家装设计的基本功能

人们进行家装室内设计总是有他具体的目的和使用要求，这在家装设计中就叫做功能。家装设计的功能主要包括物质功能和精神功能，二者是相辅而生，相互依存，缺一不可。

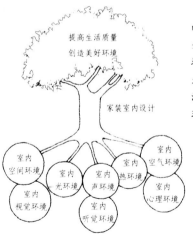

室内设计的目的

什么样的人就有什么样的生活，同样，什么样的家庭生活就有什么样的家庭空间环境。人类在创造了美好的家庭生活的同时也创造了美好的生活环境，同时美好的生活空间环境也影响着人们的生活。

物质功能主要是使用上的要求，如空间的面积、大小、形状，适合的家具、设备布置、使用方便，节约空间，交通组织、疏散、消防、安全等措施，以及科学地创造良好的采光、照明、通风、隔声、隔热等物理环境。随着新技术新设施的广泛应用，特别是现代信息技术的发展，对家装设计提出了相应的要求和改革，其物质功能的重要性、复杂性是不言而喻的。

对于家庭装修设计，在满足一切的物质需要后，设计师还应考虑符合业主的经济条件，在维修、保养或修理等方面开支的限度，提供安全设备和安全感。并在家庭生活期间发生变化时，有一定的灵活性等。

精神功能是在物质功能的基础上，在满足物质需求的同时，从人的文化、心理需求出发，在空间形式的处理和空间形象的发掘上，使人获得精神上的满足和享受，如人的不同爱好、愿望、意志和审美情趣、民族象征、民族风格等。

功能推动了家装设计的发展

在家装设计的发展中，功能常常起着支配作用，成为推动家装设计发展的动力。

由于现代家庭生活的进步和科技的发展，和过去相比，人们对功能的要求已出现了很大的飞跃。新的功能、新的要求、新的流行和时尚不断出现，如厨房多功能的要求、浴室的舒适性要求、家庭智能化控制、家庭直饮水等。

一定的功能要求采用与之相应的家装设计方案才能满足其使用要求，相反，同一功能也可以用多种形式的空间来适应。

讲到功能，不要仅仅理解为物质功能，精神功能也是很重要的一个方面，尤其是现在的某些家庭，对精神功能的要求越来越重视，有时为了实现某一精神功能，甚至会牺牲一些物质功能。

讲到精神功能，也不要仅仅理解为豪华装修，好像精神需求只有如此才能表现出来。其实，人的精神需求是多方面的，并不是只有豪华一种。有时，简单、朴素也是一种精神需要，一种美。

图中是某楼梯间的设计方案。设计师为了充分利用楼梯下的空间，巧妙地设计成一个休闲的吧台。并且运用了简单质朴的材料，形成了某种田园乡村的别致风格。

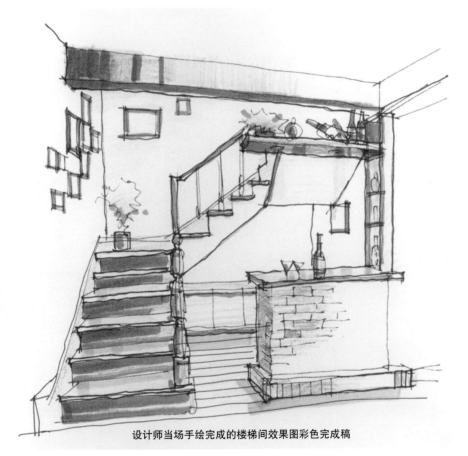

设计师当场手绘完成的楼梯间效果图彩色完成稿

在家装设计中，精神功能一般要求与物质功能相适应。例如在上图设计时，为了适应休闲娱乐的需要，应尽可能设计得亲切、明亮，以造成一种甜美和愉快的感觉。

家装设计与生活方式

在家装室内设计中，设计师是根据人们生活行为带来的影响来布置生活空间、设计规模和标准的。一般来说，设计师是以影响大的生活空间为中心，将关联性强的行为空间布置在其周围。例如，若将团聚作为生活行为的中心，那么在这种生活方式中，就应以为团聚使用的生活空间为主，最优先考虑为中心，在其周围再去附设用餐空间、厨房、杂务间、厨房、浴室、厕所等。

家庭生活行为和家装设计的关系是密不可分的。家居生活空间的使用既由人决定，同时又决定人的行为。居住是人类一切生活的基础。在每天以24小时为一个周期的日日夜夜里，不管男女老少，所有的人都在家庭住宅空间中生活和成长。人与人之间的相互作用、人的行为方式对空间环境的形态起着很大的影响作用。

一般来说，人类居住生活行为可分为：基本生活行为和高层次生活行为。人们生活行为的偏重项目有所不同，以不同的项目为中心来组织生活，这就形成了各个家庭的不同的生活方式。

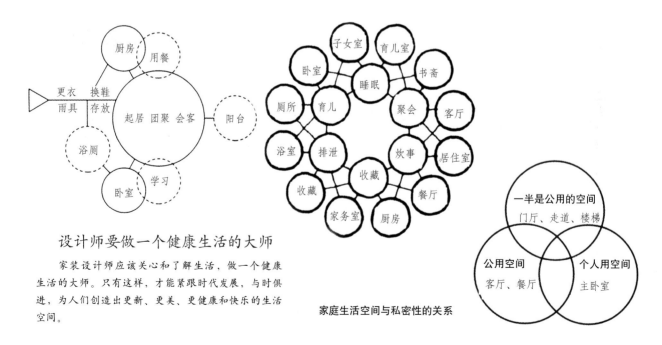

设计师要做一个健康生活的大师

家装设计师应该关心和了解生活，做一个健康生活的大师。只有这样，才能紧跟时代发展，与时俱进，为人们创造出更新、更美、更健康和快乐的生活空间。

家庭生活空间与私密性的关系

在家庭生活中，生活行为所必需的空间即生活空间是由单一功能的房间和多种功能的房间构成，这些空间都是相互关联和相互影响着的。

把家装室内设计和生活联系起来看，就可以发现人类居住生活方式的变化，包括社会环境的变化，生活意识的变化以及技术革命对家装设计的影响和作用。

此外，如从气候的角度、空间的角度、储物的角度、能源的角度等来考虑，都可以看出人类居住生活对家装设计的影响。

家装室内设计就是利用空间形状、材料色彩、光照和陈设等相互配合，**使人们的生活更加丰富**。每个家庭都有自己的生活方式、思考方法、职业、经济状况，只有在综合这些信息的基础上，才能设计出舒适的住宅空间和戏剧性的设计内容。

空间既由人决定同时又决定人

人与人之间的相互作用、人的行为方式对空间环境的形态起着很大的影响作用。空间的使用既由人决定、同时又决定人的行为。

因此，我们在家装设计时要重视人的家庭生活方式，充分适应和满足人的家庭生活需要。同时也要注意，我们的家装设计也会反过来影响人们的家庭生活——美好的家居环境一定会给人带来美好的心情和享受。

家庭生活行为与生活空间

家装设计的基本内容

家装设计涉及面很广，是艺术与技术的综合体。传统的室内设计基本内容可概括如下：

1.家庭室内空间设计

在原住宅建筑设计的基础上，根据居住者的居住活动特点，对室内空间的尺度、比例进行进一步调整，并解决好各功能空间之间的衔接、过渡、对比和统一等问题。这是室内设计的前提和基础。

2.家庭室内微气候处理

对室内的采暖、空调、通风、温度及湿度的调节等进行设计，这决定了家装空间的舒适程度。

3.家庭室内装修设计

根据室内空间设计的总体构想，确定对空间围护界面的处理方法，如墙面、地

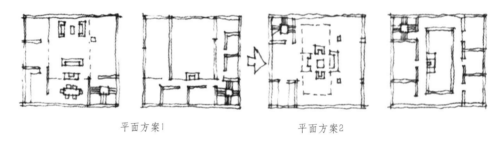

平面方案1　　　　　　平面方案2

某家装设计方案的平面布置格局分析和研究

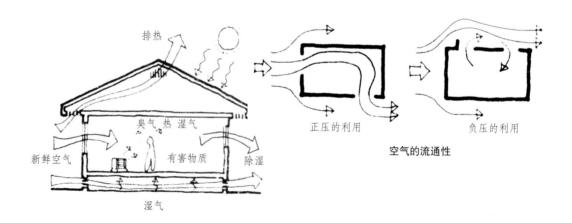

排热

臭气　热　湿气

新鲜空气　　有害物质　　除湿

湿气

正压的利用　　　　　负压的利用

空气的流通性

面、顶棚等的材料、色彩、图案、纹理及做法等。这是家装室内设计的主要内容。

4.家庭室内装饰设计

主要是对室内的家具、设备、装饰织物、室内绿化、工艺品陈设、照明方式与灯具等的选配进行设计。

设计师签单实例

这是设计师签单时手绘表现的实例。设计师快速地表现了客厅地面、顶棚和墙面的各种材料造型和质感。

地面表现了大理石的反光和倒影，顶棚主要突出了丰富的木构造型，电视主墙面是深色的樱桃木饰面。

设计师当场手绘完成的客厅效果图黑白线条稿

设计师当场手绘完成的客厅效果图彩色完成稿

家装设计是一个汇总的过程

室内设计是由人、空间、物质等各种因素综合构成的。从某种意义上讲，家装设计的过程，就是以家庭住宅室内空间为对象，为了创造一个舒适的家庭生活空间，把设计的基本条件及考虑方法汇总的过程。

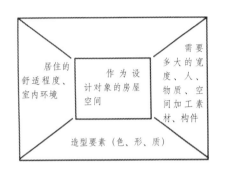

设计师签单实例

这是设计师签单时手绘表现的实例。设计师除了快速地表现卧室的地面和墙面，还重点表现了卧室的家具、照明和装饰品等：如柔软的双人床、小巧的相册、精致的台灯，尤其是各种材料颜色和质感的表现非常到位，把一个普通的卧室表现得格外温馨、别致。

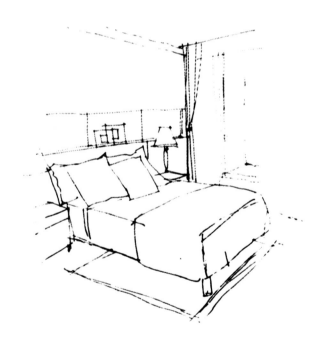

设计师当场手绘完成的卧室效果图黑白线条稿

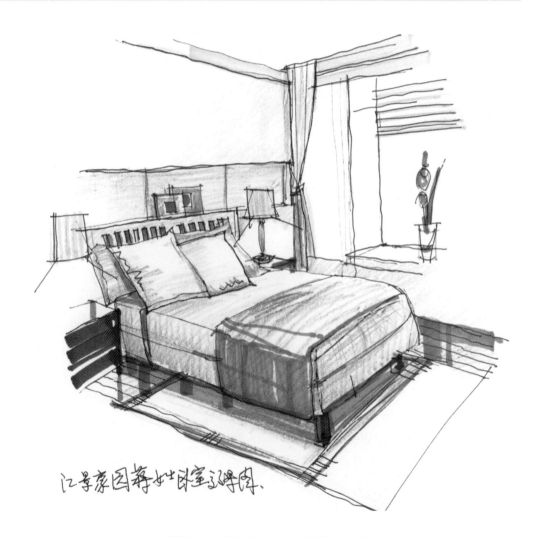

江景家园蒋如姑卧室手绘图.

设计师当场手绘完成的卧室效果图彩色完成稿

第三章
把握好家装设计原则

——家装方案设计应注意的几个问题

家装设计师在原有建筑的方盒子内部进行家装设计时，首先应该做到的是按照家装室内设计的原则，恰如其分地处理好形体与空间、整体与局部的关系，这是家装设计成功的关键。

家装方案设计的基本原则

1.实用性原则

不可否认，室内环境的装饰美化是室内设计的直接目的。同时，我们也应该懂得，美化必须与使用功能相协调，必须以实用价值为前提，而且，必然会受到经济和技术的制约。因此，如何处理好三者之间的关系，如何以最少的经济投入，获取最佳的实用价值，求得最好的美学效果，应作为家装设计的重点去认真研究。

学习要点

1. 家装方案设计的基本原则
2. 家装方案设计的整体性问题
3. 家装方案设计的意境美问题

家装设计的三重属性

设计师签单实例

这是一个家装设计签单手绘实例。

这是个特殊的小户型，业主为一对刚结婚的夫妇。由于房子面积不大，又为扇形，所以在使用时显得很不方便，很难布置。因此，怎样满足家庭生活的基本功能需求是设计师要解决的主要问题。

家装客户提供的原建筑平面图

妥善地解决好家装客户的基本生活需求是家装设计师的基本功。

因为所有的房间都不是正方形，所以很难布置床位，最困难的是布置沙发位和电视位，这让家装客户十分犯难。这种情况在城市的高层中比较常见，当然，这也正是体现设计师设计功力的地方。

设计师主要是在空间格局上作了一些处理，调整了房间不规则的感觉。经过设计师的精心设计，在空间感上达到了特殊的效果，既有个性，又有生活。

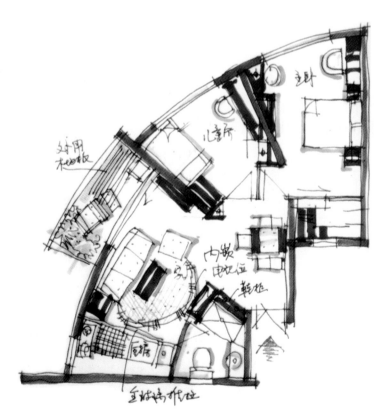

设计师在签单时当场手绘的
平面布置图

2.环境优先原则

　　家装设计要有环境意识。什么是家装的室内设计？家装设计就是为了要创造更舒适的家庭环境，其前提就是要求我们首先建立起"环境意识"。绝不能用"房子＋装潢"来简单地理解家装室内设计的概念和对室内环境的创造。

水族箱

窗外景色

设计师当场手绘完成的设计效果图彩色完成稿

　　上图卧室的设计，在安排床和梳妆台的位置时，既考虑了室内的格局，同时也考虑了窗外优美的环境。

3.整体设计原则

家装设计要有整体设计观念。在室内设计的全过程中，必须牢固地树立起整体设计的观念，才能使设计"给人以特殊的快感"。凭感觉设计，往往是从局部效果出发的"就事论事"的方法。即使局部的做法可能是成功的，但整体的效果却是支离破碎的。

4.个性化原则

家装设计要重视"个性化"原则。目前家装室内设计中较普遍的倾向就是忽视了"个性化"原则。

其实个性化是家装设计中客观存在的事实，能否主动、有意识地捕捉它，完全取决于设计师的修养和洞察力。每个家装客户的要求、工程造价、空间条件、装饰材料、建筑类型和气候条件等均不会相同，只要我们能客观、正确、综合地处理好它们的关系，设计必定会具有不同个性。

作为一个家装设计师首先就要在脑海中深深地印上个性化的原则。

人们在家庭空间中的视线流动

人们欣赏某个家庭的室内设计，不同于欣赏墙上一幅静止的画。家装室内设计的形象，是随着人们走动的时间和位置不同而变化，在流动的过程中逐步展开的，从而汇总形成的一个完整印象。

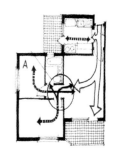

设计师签单实例

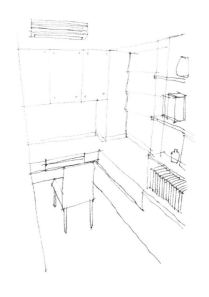

设计师当场手绘完成的设计效果图黑白线条稿

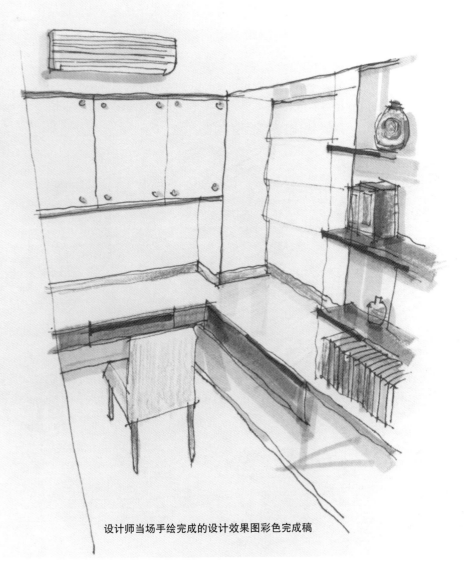

设计师当场手绘完成的设计效果图彩色完成稿

　　这是一个家装设计师签单实例。上图是一个个性化设计的实例。该房间位于屋角的凸窗面积很大，很有特点，但却不好利用。设计师巧妙地利用窗台改作写字台，使其成为读书的一角，极富个性，很有创意。

5.稳固性原则

这是目前家装设计中容易忽视的技术问题。一般来说，在家装设计时应注意以下几点：

①尽可能避免在原承重墙上变更和增设门窗，如果确实需要，应符合抗震和施工操作规范。

②不得削减梁柱断面、不得削弱主钢筋截面或任意加焊各种预埋件。

③凡是降低承重构件的断面、长度的施工，均要经结构计算复核，确实不影响荷载承受力。

④在封闭阳台时应采用轻质材料。

某家庭装修拆建现场

在家庭装修时，经常会为了调整和改造原建筑格局而进行拆建。图为某家庭装修正在拆除部分墙体和楼层。

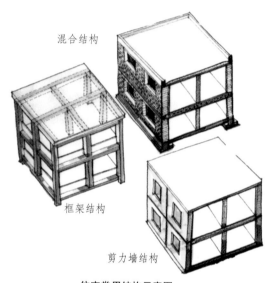

混合结构

框架结构

剪力墙结构

住宅常用结构示意图

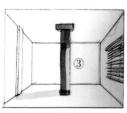

柱子

半截墙

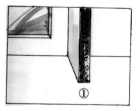

承重墙

6.安全性原则

这也是目前家装设计中容易忽视的技术问题。

装饰材料中不少是易燃、可燃材料，也有一些含有对人体有害的化学成分。国家已出台了一些相关的法律规定，应注意选用经国家环保部门检测通过的环保型装饰材料。

家装方案设计的整体性问题

家装设计的整体性问题就是家装室内空间序列和造型的统一性问题，这是当前极为普遍的问题。目前比较突出的就是造型的主题被忽视，各空间造型要素缺乏联系。

家装设计师在做家装设计时，要强调多形式要素浑然一体的整合感觉，力求所有的细部和界面都融合在整体空间的效果中。要使完成后的空间，让人身在其中，无意识间感受设计之美，却不知美缘何而来。

一般来说，家装设计师在进行家装整体设计时应注意以下几点：

1.室内的整体形象

对空间环境整体形象的认识和把握，不能和其他艺术一样定点去完成，因为人

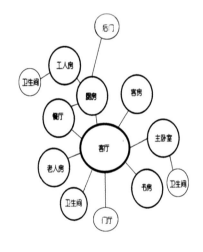

家庭室内空间的连续性和系列性

们是活动在其中，必须通过视、听、触、嗅觉多种感觉在一定的时间动态中全频道、全方位地认识和把握。

家装设计要求空间序列必须有整体连续性。构成空间序列的每一个局部序列都不应孤立地出现，而应建立起彼此不可分割的、和谐的整体关系，并合乎人们视觉心理的逻辑。

例如：住宅空间由客厅、起居室、卧房、书房、餐厅、厨房、浴厕等空间组成，每一个空间序列无论在实用功能上还是审美功能上，都必须根据纵横上下的关系，进行总体的构想和布局，从而创造一个前后呼应、节奏明快、韵律丰富、色彩协调、声光配合的空间序列，具有高度的整体感。

2.室内空间的序列感

所谓室内空间的序列，是指室内空间环境中先后活动的顺序关系。室内空间布局的序列包括各个空间顺序、流线及方向等因素。合乎逻辑的空间序列是一个连续和谐的整体，能引导观者的步履，从一个空间有条不紊地进入另一个空间。

空间的序列犹如音乐谱曲或文学创作，也是要有一定的创作程序的。

首先是序幕的设计，要求对观者具有吸引力和冲击力；第二是空间环境内容的展开，即空间序列设计的叙述部分，它起着引导、启示、激发观者审美情绪和动机的功能，通过引人入胜的各个空间，将观者审美欲望徐徐引向高潮；第三是空间环境高潮的设计，即空间序列中主体空间的视觉中心部分，要能使观者通过空间艺术的感染，产生最佳的审美心境；第四是空间序列的尾声，即空间序列由高潮回复转入平静，使观者在审美心理得到满足以后，完成视觉审美心理的回归，令人反复回味。

设计师签单实例

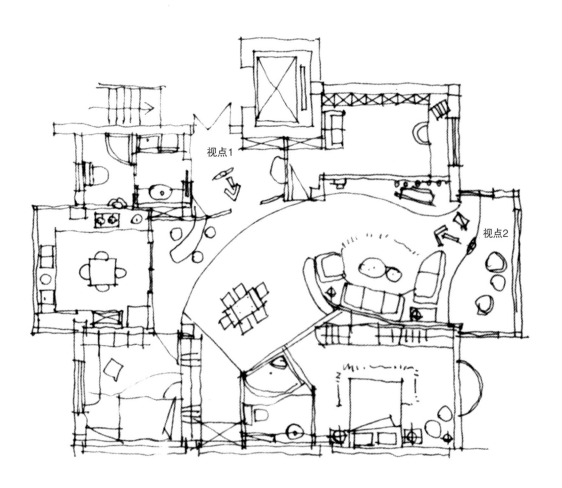

视点1

视点2

设计师当场手绘完成的调整后平面布置图黑白线条稿

设计师当场手绘完成的过厅设计效果图黑白线条稿（视点1）

设计师当场手绘完成的过厅设计效果图彩色完成稿（视点1）

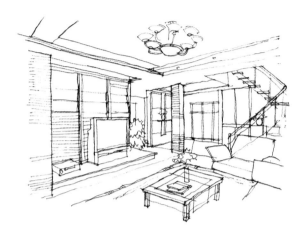

设计师当场手绘完成的客厅设计效果图黑
白线条稿（视点2）

设计师当场手绘完成的客厅设计效果图彩色完成稿（视点2）

某客厅设计中的视觉中心

3.视觉中心的重点处理

在家庭环境空间设计中，由于功能的要求，常常要强调或明确某个部分而形成中心，从而达到突出重点、加强空间的整体性效果，如家装客厅的电视背景墙等。

在家装设计时，一定要有视觉中心，在设计中，设计师一般常用的方法是集中和反衬。

集中是利用环境自身的结构，如有规律的顶棚的走向，导向清楚的地面图案，明确高差的地坪，按设计的意图向某个方向集结，都可以形成一个明确的中心。

反衬是利用环境、构件的形状、大小、明暗、色调、虚实等的渐变和对比，使环境主题突出，有时有意简化其他部分，加强重点部分亦可以达到很好的反衬效果。

其实，在应用中，集中和反衬有时是同时运用，相辅相成的。

某餐厅设计中的视觉中心

某卧室设计中的视觉中心

设计师签单实例

这是一个家装设计签单实例。设计师为了强调客厅的视觉中心，重点处理了电视背景墙：造型简洁、色彩亮丽的湖蓝色几何体，形成视觉焦点，相对集中的装饰品，限定出引人注目的电视背景。为了进一步突出电视背景墙，沙发区则选用了相同色相的沙发和对比强烈的橙黄色地毯，使得背景墙更加醒目亮丽。

设计师当场手绘完成的设计效果图（黑白线条稿）

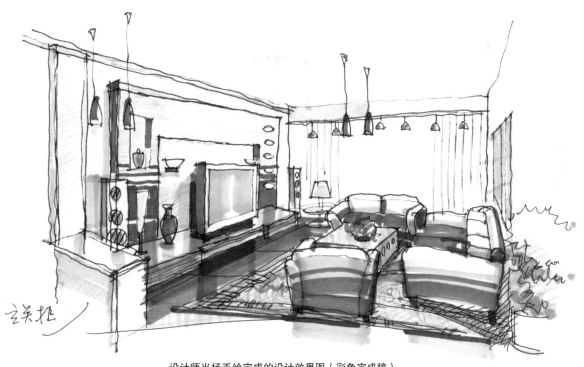

设计师当场手绘完成的设计效果图（彩色完成稿）

家装方案设计的意境美问题

从某种程度上讲，设计是人们运用独创性的高级情感活动。是通过语言、符号表达出来的文化形式。它是艺术创造者(包括个体与群体)个性与社会性，自我与非自我的高级情感的交流活动，是人的潜意识与显意识的综合审美创造活动。

人们对家装室内设计中的情感作用，常常表现为我们常说的意境。人生活在充满意味的世界里，体验意味是人类的原始需求和心灵本能。我们对家装室内设计有着与生俱来的感悟力，这主要是因为情感内容是最为大家所理解和认可的。家装设计必须满足人类情感的需求，家装空间的意境设计是室内设计中体现环境特色的重要手段。

1.家装室内空间意境的创造

室内设计空间美，可以概括为形式美和意境美两个主要方面。

符合形式美的空间，不一定达到意境美。如一幅人像，如没有表现出人的神态、风韵，还不能算是好作品。所谓意境美就是要表现特定场合下的特殊性格。

形式美只抓住了人的视觉，意境美才抓住了人的心灵。设计师要通过室内的一切条件，如室内空间、色彩、照明、家

宏伟神圣的教堂空间

意境美是人们情感的自觉体验

意境是一种直觉的、主观的、性格心理的。因此，在室内设计中心有情感的流露，这主要通过视觉化的体验和交流来获得，通过形式作用让使用者在情感流露的氛围中实现视觉上的享受，得到一种精神上的审美愉悦感。

具、绿化等，去创造具有一定气氛、情调、神韵、气势的意境美，这是家装室内设计的主要任务。

人们对艺术创作中的情感作用，有着与生俱来的感悟力。这都是因为其中的情感内容在起作用。

例如音乐，大多数人对乐理、结构等高深专业知识是不懂的，但都能对它产生反应；人们对家装设计的好坏感觉也是如此——尽管普通人说不清楚什么样的家装设计才是好设计，然而人们却照样可以欣赏和感受。一个好的室内设计作品出来后，人们总是有着几乎相同的赞许。

亲切温馨的卧室空间

2.家装设计中意境的表达

在家装室内设计中，对特定情感追求与表现是十分重要的，达成视觉审美上的享受和情感生理上的愉悦是一个成功设计的最高境界，是我们要不断为之努力追求的。

意境创造要抓住人的心灵，要了解和掌握人的心理状态和心理活动规律。对每个人而言，室内空间形式本身都带有产生某种情绪的信息。意境是艺术作品透过外在形式而显露出的灵魂。

当我们进入一个室内环境时，视觉上首先感知的是构成室内空间的地面、顶棚、墙面以及色彩、线条等"纯"形式的要素。当室内空间环境中各种构成因素所呈现的某种形式，与我们的某种内在情感模式相"符合"时，我们便会体验到诸如温馨、雅静、欢快等不同的情感，就会产生某种意境。

例如人们觉得自己在大空间里扩大、在小空间里缩小，看到支撑的柱子，似乎就感到了那不堪负担的压力。

例如中国传统建筑室内空间节奏偏于含蓄、深沉，处处蕴藏着传统的哲理，所谓"功到深处气意平"，平、静是中国传统所推崇的。

设计师在进行家装设计时，要善于利用家庭室内空间这种构成形式的丰富变化，创造出各种引人入胜的意境。

设计师当场手绘完成的书房设计效果图彩色完成稿

书房的电视背景墙立面采用对称平衡地排列一对造型轻巧别致的书架，在平衡中不失活泼。

室内空间形式对情感的影响

(1) 体积和容积的表情

　　大——壮观、敬畏

　　小——个性、亲切

(2) 重量和支撑的表情

　　重量——永恒、权力庄严

　　支撑——轻易、优雅、平静

(3) 复杂和简单的表情

　　简单——安稳、有力

　　复杂——振奋、紧迫

此外，还有线条和韵律的表情等等。

　　室内设计最重要的一个工作就是要不断追求一个整体空间内局部与局部之间、局部与整体之间的理想关系，这往往需要运用秩序、对比、比例、韵律等形式美法则来达到理想的审美效果。

　　因形式美而产生的感情与人的生理、心理活动密切相关，根据不同的心理与生理反应，逐渐形成了一定的审美标准，产生不同的情感反应。

　　家装设计师要善于运用室内空间构成要素来创造我们家装设计所需要的意境。

圆形的空间给人以特殊的艺术感受

设计师签单实例

    这是一个家装设计签单表达的实例，是一个年轻家庭客厅设计效果图。我们可以感受到，在这个空间里充满了流动的韵律和跳动的音符。设计师运用了多种设计元素来表达这种情感：顶棚充满韵律的叠台吊顶、旋转楼梯流动的线条造型，以及热烈的地毯和沙发颜色，设计师用这些空间构成元素营造出一个充满现代气息的青春乐园。

设计师当场手绘完成的客厅设计效果图彩色完成稿

第四章
方案构思与手绘表达
——怎样进行家装方案的构思与表达

　　家装设计的过程就是设计师解决家装客户家装问题的过程。在这个过程中，图解思考是一种特定的图像思维方式，是一种视觉语言交流，设计师凭借特定的图形来表达自己的思想、观念及意图，同时借用图形语言与家装客户交流。

家装方案设计构思与表达

　　家装设计师签单能否成功最终还是要取决于设计师的设计方案，家装设计方案能否解决家装客户的问题、是否真正有创意，是设计师签单成功的关键。家装设计是从设计构思开始的，好的设计方案离不开好的设计构思。因此，要学好家装方案设计，首先要学会家装设计的构思。我们先从家装设计师的方案构思特点入手。

1.家装方案设计构思的特点

　　一般来说，家装设计师在方案设计构思时主要有以下几个特点：

学习要点

1.家装方案设计构思与表达

2.家装方案设计的构思过程

3.家装方案设计的过程与表达

设计师签单实例

这是一个家装设计构思与表达的实例。

①大处着眼细处着手、总体与细部深入推敲

大处着眼，是设计师在家装设计时应考虑到的几个基本观点，也就是家装客户最迫切和最真实的一些家装要求和基本装修原则。这样在家装设计时思考问题和着手设计的起点就高，有一个设计的全局观念。细处着手是指设计师在具体进行设计时，必须根据室内的使用性质，了解客户的真实需求，掌握设计的资料和信息，掌握必要的资料和数据，从最基本的人体尺度、人流动线、活动范围和特点、家具与设备等的尺度和使用它们必需的空间等着手。

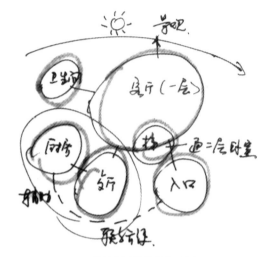

设计师手绘的构想草图
（表现在纸上的概念）

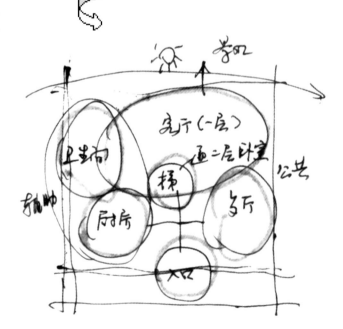

设计师手绘的构想草图（理性形象）

②从里到外、从外到里，局部与整体协调统一

　　家装室内环境的"里"，以及和这一室内环境连接的其他室内环境，以至建筑室外环境的"外"，它们之间有着相互依存的密切关系，设计时需要从里到外多次反复协调，务使其更趋完美合理。家装室内环境需要与家庭生活空间整体的性质、标准、风格，以及室外环境相协调统一。

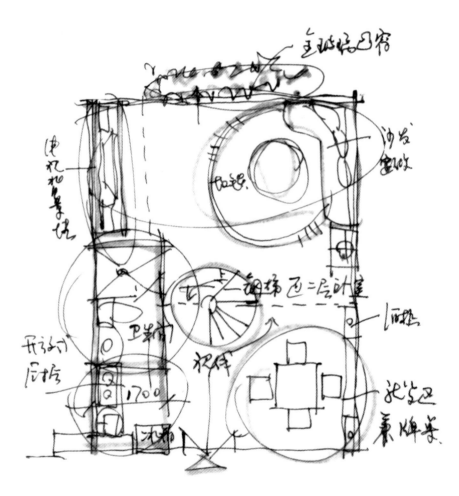

设计师手绘的构想草图（表现在纸上的新形象）

③意在笔先或笔意同步，立意与表达并重

所谓意在笔先原指创作绘画时必须先有立意，即深思熟虑，有了想法后再动笔，也就是说设计的构思、立意至关重要。可以说，一项家装设计，没有立意就等于没有灵魂。设计的难度也往往在于要有一个好的构思。具体设计时意在笔先固然好，但一个较为成熟的构思，往往要有足够的信息量，有商讨和思考的时间，因此也可以边动笔边构思，即所谓笔意同步，在设计前期和出方案过程中立意、构思逐步明确。但关键仍然是要有一个好的构思。

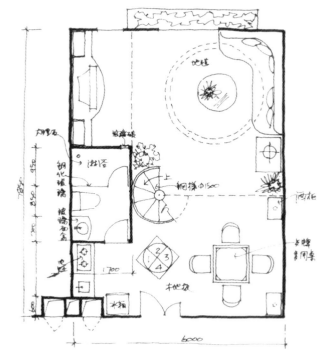

设计师手绘的平面布置草图（实验）

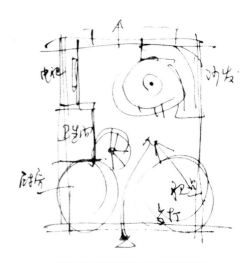

设计师手绘的透视角度研究草稿

这是一个观看、想象、作画的过程；也是一个实验、观察、再实验、再观察的图解思考过程。图中，设计师为了对设计方案进行构想研究，同时也为了方便地跟家装客户进行交流，常常需要在分析各种抽象的图表后，手绘各种平面图和不同角度的效果图。

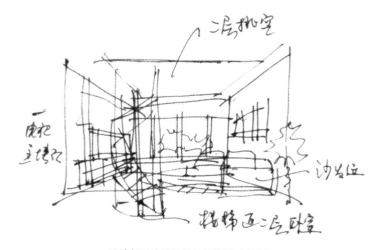

设计师手绘的透视效果草图（观察）

2.设计方案构思的图解思考

我们从前面家装设计构思的特点可以看出，家装设计是一个复杂的充满创造性的思维活动，其过程不可能是"条理分明"的，也就是说，它不可能是自觉的、有条不紊的、定向的，或者合乎推理的。家装设计的过程是高度个性的、谨慎的，同时又是整体的；有时思路非常清晰明确，有时又十分模糊迷离；有时得心应手，拿来全不费工夫；有时又停滞不前，陷于黔驴技穷之境地。

家装设计这种特定的思维活动，充满个性与创造性，同时又是极为动态化的，决不像机械重复的产品制造。但是，设计过程的思维活动变化和演进可以在图解思考中运用一些有条理的思路和计划性的表述来反映，这种表述是一种具有逻辑性的推理，对偶发性创意思维的记载，是对设计过程的一种概略说明。图解表述可以是特定的符号系统，也可以是文字，其最终目的是把设计思维活动的轨迹记录下来，以便下一步的论证与深化。

这是一个"观看、想象和作画"的图解思考方法。有充分迹象表明，如果我们的思考应用一个以上的感觉（如边看边做）就会增强。图解思考的潜力在于从纸面经过眼睛到大脑，然后返回纸面的信息循环之中。

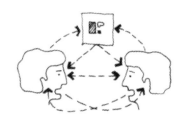

家装设计中的对话

图解思考是我们用来表示草图可以帮助我们思考的一个术语。人类的思维活动包括两种方式，一种是语言思维方式，一种是图像思维方式，这两种思维方式虽然不同，但都依赖于视觉。它们之间的区别在于传递意念时使用的符号不同。

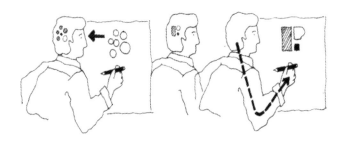

图解思考的过程

设计师签单实例

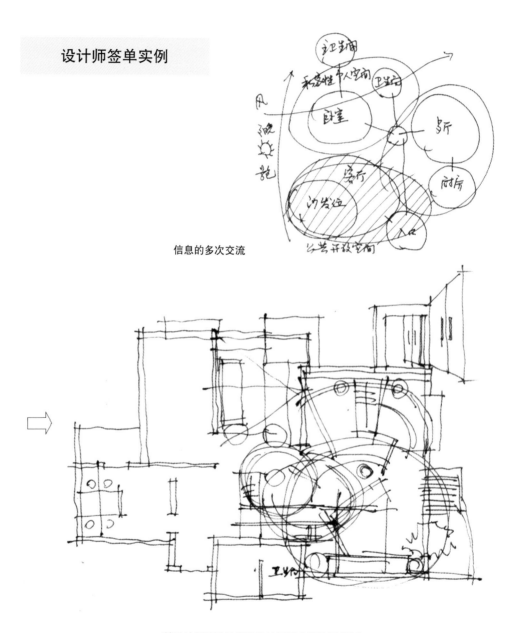

信息的多次交流

某设计师手绘的家装设计平面布置构思草图

设计师在设计方案时产生新创意的"新设想"，其实都是在观察和组合老设想的基础上产生的。一切思想可以说都是相互联系的。在图解思考过程中，眼、脑、手和徒手画四个环节都有可能对通过交流环的信息进行添加、消减或者变化，

图解思考过程将思想重新筛选、着重于局部，然后重新加以组合。

我们从设计师设计构想时的图解思考草图中可以看出设计师在构想时有以下几个特点：

①在一页纸面上表达了不同的设计设想，设计师的注意力始终不断地从一个主题跳向另一个主题。

②设计师的观察方式，无论在方法和尺度上都是多种多样的。往往在同页纸上既有透视，又有平面、剖面和细部图，甚至全景图。

③设计师的思考是探索型的、开敞的。表达如何构思的草图大都是片断的，显得轻松而随意。设想了多种变化和开扩思路的可能性。旁观者往往被邀请共同参与设想。

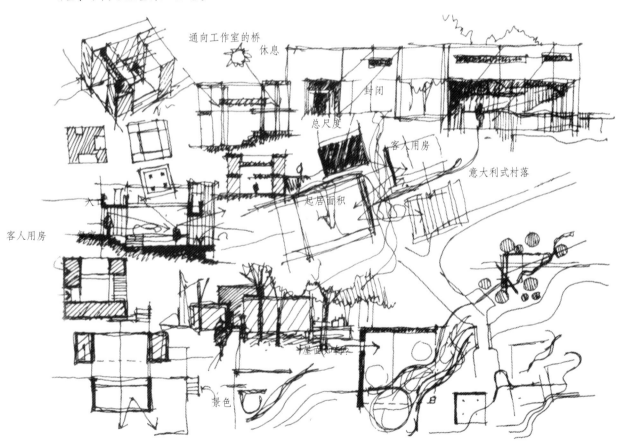

某设计师在进行设计构想时的图解思考草图

这一切都会产生新的可能性。

图解思考通过绘制客观而清晰的视觉形象来利用视觉感受力。通过纸面上的表现，我们得到了原不在大脑中物体的视觉形象。

对于必须经常创新地解决问题的设计师来说，他们必须创造性地思考。因此，这些即时的、激发性的、机遇性的特性和设想是非常重要的。而图解思考，提供了各种可能性，为设计师打开了通往各种解决途径的大门。在这些特性之上，还有一个更为特殊的特性——同时性。图解思考使我们在同一时刻看到大量的信息，展示其相互关系并且广泛地描述了细致的区别，它们是直接而富有表现力的设计手段。

我们知道家装设计的过程就是一个解决家装客户家装问题的过程。设计师解决设计问题的根本方法一般都会从三个方面入手，即：需要、脉络、形式。在家装设计中，"需要"反映了家装业主在功能和精神等多方面的要求；"脉络"反映了家装设计中室内外空间环境"横"的关系以及与历史文脉文化延承等"竖"的关系；"形式"则是设计反映的外在表现和手段。

在家装设计过程中，我们可以用图解方式对三者作比较性讨论，这样有助于设计思维的推进与完善，可以产生不同的设想，激发创造思维，通过图解去发现三个方面内容的相异性促成了选择的多样

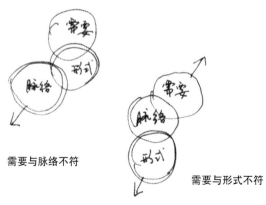

需要与脉络不符

需要与形式不符

上述可变体的任何一项或者其联合体的变化都会引起设计上的问题。而问题的解决又可能依赖于任何一项可变或联合体的再变化。

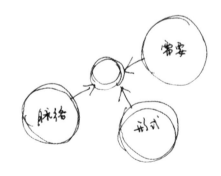

家装设计问题的解决途径

性，比较三个方面的相同性去建立实施可行性。

在家装设计求解活动的过程和创意的孕育中，在需要、脉络、形式三个大的方面，利用图解的记录形式不断推进演化是十分有价值和作用的。从平面到立体，以总体到局部都可以进行安排、调整、丰富和深入强化，这些都可以在图式语言中进行，可以说，图解思考是室内设计构想成形的起点，又是分析性推理的扩展，可以形成一种思考的框架，导向最终的设计成果。如图所示，说明了图解思考所表达设计意图的发展潜力，从构思图解转向为空间形态，充分表明了设计思维中逻辑推理的意义与作用。

脉络：

对脉络可变体的认识有助于设计师在多种可行方案中确定问题的界限和处理各类约束，如原建筑格局、气候、或法令、时间、经济和施工技术等。

需要：

家装客户的要求，如人流的活动、功能的要求等。我们可以用图解思考的方法来分析和研究这种相互间的关系。

在一个家装设计中，这三项可变体之间如有不协调之处就会发生问题，如图所示，当需要、脉络和形式之间存在满意的相互关系时，设计问题就解决了。

我们可以把这三个方面看作三项可变体。

形式：

处于设计师的控制之下，如空间和交通的组织、墙面的造型等。在需要和脉络两组可变体明确后，设计师可帮助家装客户对形式作出决定。

家装设计问题的结构

设计师签单实例

某家装设计方案的构想草图

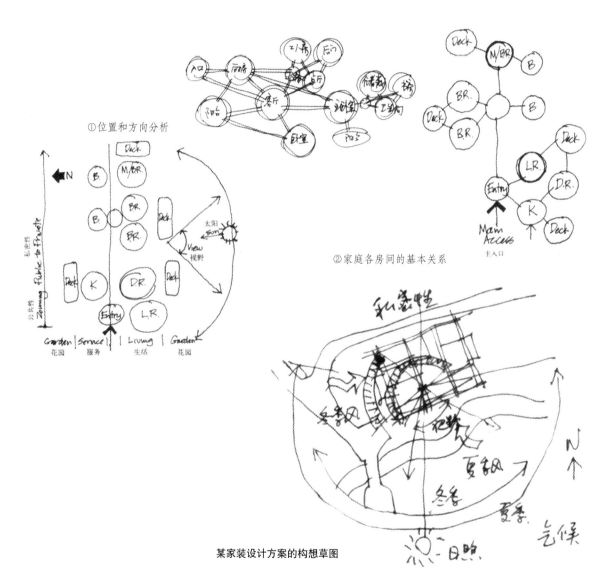

①位置和方向分析

②家庭各房间的基本关系

某家装设计方案的构想草图

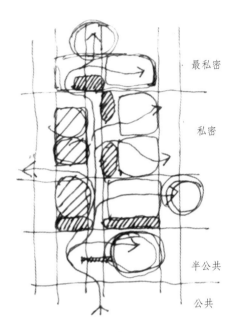

最私密

私密

半公共

公共

③空间的尺度和形式分析

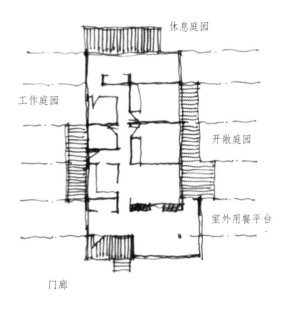

休息庭园

工作庭园

开敞庭园

室外用餐平台

门廊

④墙与空间结构格局分析

某家装设计方案的构想草图

设计师签单实例

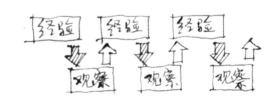

家装设计的过程模型

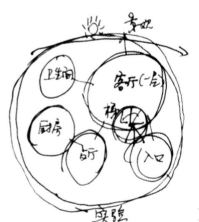

某家装设计的过程和草图

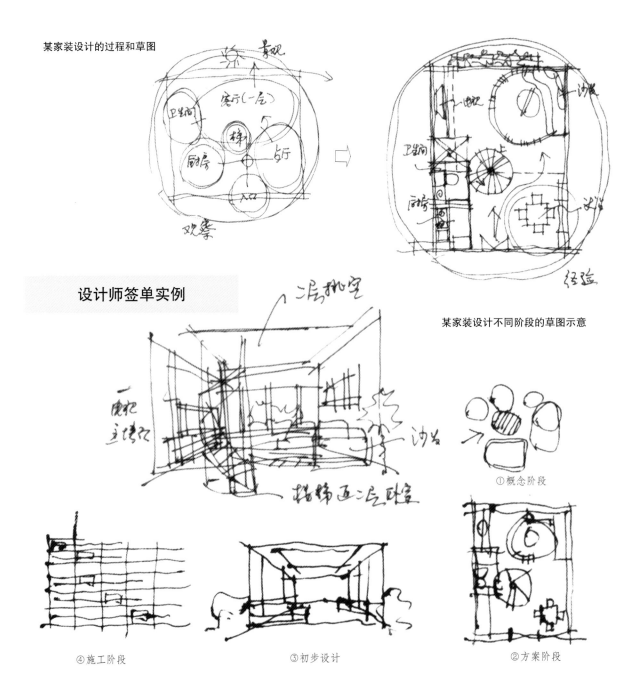

某家装设计不同阶段的草图示意

设计师签单实例

①概念阶段

④施工阶段

③初步设计

②方案阶段

3.手绘在方案构思中的应用

快速手绘是一种特定的图像思维方式，是一种图面视觉语言交流，也是家装中设计师常用的方法。设计师凭借特定的图形来表达自己的思想、观念及意图，同时借用图形语言与外界进行交流。

①快速手绘表达有利于交流

交流是指人与人之间有效的对话，设计师需要与家装业主交流，也需要与自己交流。交流是设计活动中一个重要的内容，通过交流可以形成共识。

在家装签单设计中，是否能真正了解家装客户的真正装修想法，同时也能让家装客户及时了解设计师设计方案的设计意图和设想，是设计能够成功的关键，而这一切都必须建立在设计师和家装客户交流沟通的基础上。因此在签单设计中双方的相互有效的交流沟通非常重要。

在家装设计中的交流是用图式语言来进行的，各种几何符号以及徒手绘画的速写方式，各种视觉行为使交流内容非常丰富。在构思阶段的交流主要是：

空间内容、功能内容、总体设想、脉络关系、特定表述和特定要求等。设计师利用图式语言进行设计内容等种种问题的交流而得出具有一定特点、优点的形式与内容。

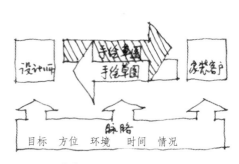

家装设计中信息交流的结构

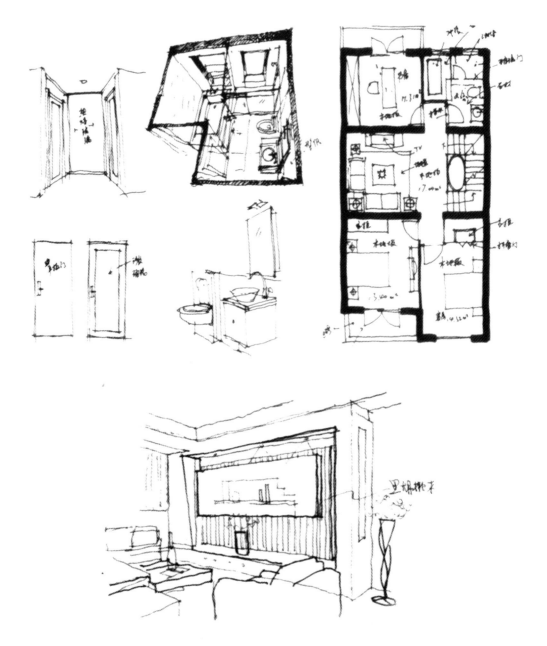

某家装设计师在跟家装客户交流时的草图

②快速手绘表达有利于设计分析

在家装设计创意阶段，设计师需要对各种信息和资料进行分析处理，可以说最好的分析主体就是利用图形方法。快速手绘表达是帮助我们进行设计分析的有效手段和办法。设计师可以利用各种表格、骨架、草图、文字语言等对各种内容的脉络、形式、要求等进行推理和分析，确定其关系。在分析中还包含了理性与感性内容，在理性方面更侧重在平面组织、流线、节奏、序列等这类因素，在感性方面有个人直接经验的体验，这些都是分析的内容基础。

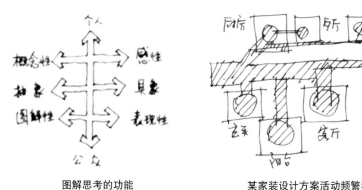

图解思考的功能　　　　　　某家装设计方案活动频繁程度分析图式

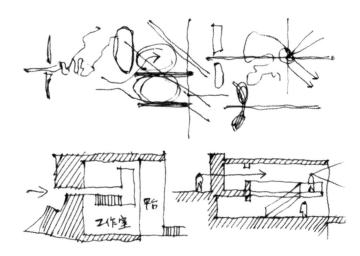

设计师从概念到感性的思考

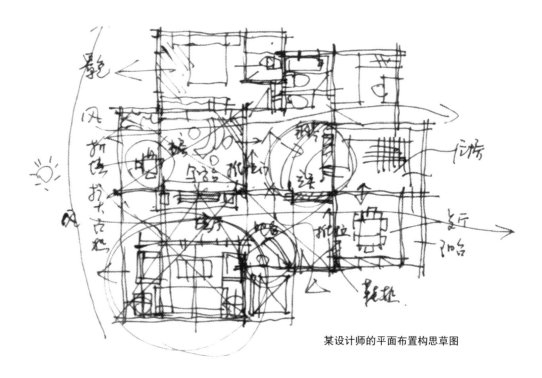

某设计师的平面布置构思草图

③快速徒手表达有利于寻找设计机会

　　家装设计构思过程就是一个寻求问题解决的过程，这包括寻求应用已知的解决问题的办法和寻求创造出新的解决问题办法。图解方式有助于设计师对设计和解决方法之间的相似性有更好的领会，更有助于创造性思维的产生。

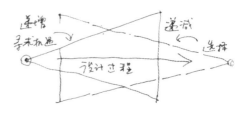

家装方案设计的构思过程

在家装设计签单过程中，无论是什么样的装修或者是由谁来设计都有一个共同的目的，那就是：把家装客户的家装需求转化为具体家庭装修或者符合他所要求的其他实体。在家庭装修过程中一般涉及下列步骤：设计任务书（设计要求），方案设计、初步设计、合同文件、施工图、施工等。在上述每一步骤中所必须解决的问题都要求设计师对此有许多好的模式来实现。

每个家装设计师在实际工作中，面对的工作领域和必须沟通的人都十分广泛而复杂，在设计中，他们有意无意地自然形成了一种方法，就是循序渐进地考虑问题，以及合理的设计程序。并在不同阶段考证不同重点，对不同的对象采用不同的办法，一步一步由简到繁去完成每项设计内容。

在家装设计中，设计构思过程应该要求建立一套清晰有序的大框架，在此框架下考虑合理的功能、创造性的美感和设计意向。

一般来说，家装设计构思过程细分为各个阶段，都要因对象及各种因素不同来考虑，从框架来分可以有以下几个阶段。

（1）明确设计问题阶段；

（2）发展方案设计阶段；

（3）评价设计方案阶段；

（4）选择设计方案阶段。

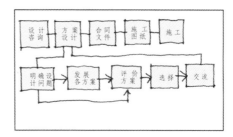

家装设计流程与解决问题的步骤示意

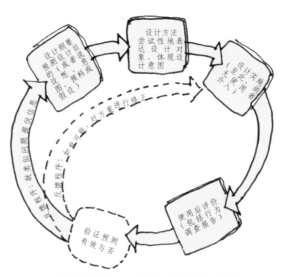

环形的设计程序：提供人们选择的一种模式

以上几个阶段都集中反映了家装业主与设计师两方面的意愿。一个意愿是设计师将自己对功能和形式美感的理念明确地表示出来，以便提供自己继续修正和发展之用。这个意愿要通过一些表示意念的方法，将自己的构思意念表示清楚给自己看，作为自我沟通之用。另一个意愿就是在不同的设计阶段中，如何将自我沟通后的结果与业主和他人作双向或多向的意见交换，这个意愿的表现方式必须能有效地使他人了解，达到共识的沟通效果。

设计师为了使家装设计这种三度空间的设计内容能让自己和他人充分了解，其重要的媒介就是使用各种不同的视觉语言，如图纸、文字、图形、数据、模型等。

直线形的设计程序：人们熟悉的一种模式

1.明确设计问题阶段

设计师确立所需解决家装问题的具体界限，然后通过对问题的各个部分的分析，明确它的要求、限制和解决的出发点。最后，设计师提出特定的各项设计目的，即提出家装设计的计划。

设计是一个先寻找问题再解决问题的过程。在概要设计、设计发展与细部设计等过程之前，有一个十分重要的确定设计条件的步骤，这就是设计计划，这样的前后关系所代表的是设计不同层面的种种发挥。不同的自然环境、人文环境和设计条件在某种程度上都会影响设计创作的进行。设计计划过程非常直接地关系到后续各阶段，因此这个过程主要在于产生一个好的设计计划，否则就没有办法达到好的设计效果。

每一项设计都要执行一种严谨缜密的计划，将设计前需要明了的优缺点和主要观念分析清楚，这应该是家装设计计划中思考的重点。形成的框架在于全面掌握设计计划考虑的条件，设计师必须系统地在功能、经济和时间等项目中各自分析这个项目的内在目标、事实、概念、需求等因素，从而明晰整个设计过程中的潜力和必须探讨的问题。

设计师签单实例

这是一个家装设计师签单实例。该家装客户是一个相对富裕的家庭，人口结构为一对夫妇带一个上学的小孩。该夫妇是都是音乐工作者，孩子也是在音乐学校读书。在设计师第一次接待该家装客户时，他们竟提不出具体的装修想法，仅提供了一张平面布置图让设计师参考。

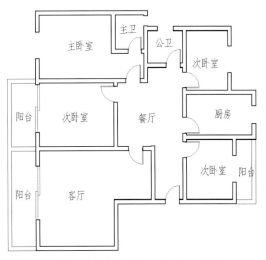

家装客户提供的原建筑平面图布置图

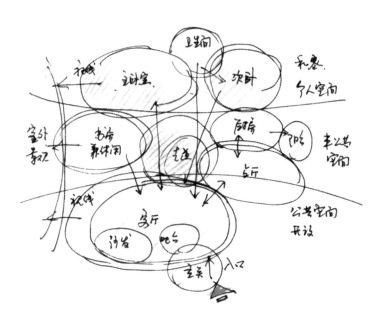

设计师当场手绘的构思草图

家装设计的过程是一个由概念分析开始再进行抽象的空间表达，并通过不同的表现方式，将抽象的空间逐步具体化的一个过程。另外，方案设计难以有一个明确的界定，对表达内容也没有一个明确的深度量化要求，这就要求设计师在开始时只要能把空间环境所能表达的意念表达清楚即可。每位设计师可以因经验和习惯不同、对象和对象环境差异，而自行决定所需的表现方式，有时也以自己经验而定。

家装室内设计第一个过程就是要确定设计的条件，其中包括住宅结构、空间特征、室内外环境、业主要求、预算造价、时间等等。通过各种资料和实地考察的综合分析，设计师要能很明确而详尽地把设计可能面临的困难和构思要点陈述清楚，拟定一些设计目标来作为整个设计的基准。

万科家苑王先生装修计划书

一、家庭基本情况概述

该住宅是一个相对富裕的家庭，夫妇二人带一个上高中的孩子。
这夫妇都是音乐工作者，孩子也是音乐学校读书，因此家中的艺术氛围很浓。

二、家装总的整体设计风格概述：

功能上首先能充分满足一家三口较为富裕的日常生活，设计风格上要体现音乐家的职业上特点、简洁明快、典雅有特色，不过分繁琐。造价上不要过于昂贵的材料，中等档次设备上即可。

三、原住宅结构及空间特位分析：

先说该住宅户型的结构框架还算是不错的，功能分区基本合理，整体布置相对较为宽敞，对于该之家，还是比较舒服的。

但是，还是存在为家装而改装不合理，主要集中在几个方面：① 客厅沙发位在柱子旁材料处，使用不便，也不太符合该业主的身心地位，把柱改细将位置过于勉强；② 从卫生间的开门设计与大门入口方向，犯风水对冲大忌；③ 大门走道对卫生间，业主还有些浪费；④ 客厅开门业主，使得过于相互干扰过大，使用不便。具体见平面布置分析图（附图）

四、设计理念和整体要点：

① 体现音乐家庭的职业上特点，营造一个适合创作出色的艺术之家。
② 在改善好空间的基础上，不一味单纯地省钱，该做家具和装修的地方一定要有。
③ 所有房间的电话、灯具及插座各种线路、电视、网线电论等专事到位。
④ 家具应一制作，餐厅桌、客厅电视柜、客厅鞋柜、立柜推拉等。
⑤ 色彩考虑采用有特点的色调，做得考究别致来营造主色调方案。
⑥ 每种设计都应附有相应的施工图，细部做法等有大样图。
具体见附图。

某家装设计计划书

设计师对该建筑平面图进行了初步的分析，并当场根据客户的初步装修布置想法手绘出平面分析图。

应该说，这个户型的结构还是不错的，功能分区基本合理，整体面积相对较为充裕，对于三口之家来说，还是比较舒服的。

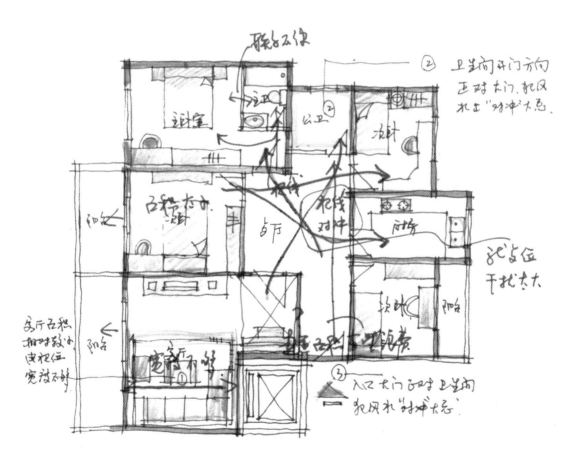

设计师当场手绘的平面分析图稿(方案1)

但是，经过设计师的仔细分析，还是存在不少家装问题，主要集中在几个方面：1.客厅沙发位面积相对较小，使用不便，不太符合该业主的身份地位，现在放钢琴的位置也过于勉强；2.公共卫生间的开门正对大门入口方向，犯风水"对冲"大忌。3.大门走道正对卫生间，且走道有些浪费；4.餐厅开门过多，使得就餐位相对不独立，干扰过大。

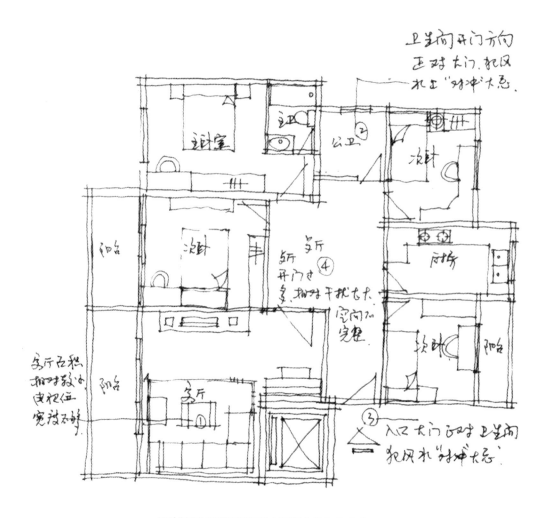

设计师当场手绘的平面分析图黑白线条稿(方案1）

2.发展方案设计阶段

设计师针对家装客户存在的家装问题，要提出具体的解决方法，主要是形式上的可能性，并对原有的与新的解决办法探讨比较，从中发展若干可行的方案。

发展方案设计阶段中的重点，就是将前一个阶段中所分析的空间内部功能关系发展成内外关系，明确具备了空间动线系统的规模。在这个阶段设计对象已经有了

基本的意义，在功能关系、平面形式、空间比例尺度、韵律与重复性等方面，表达也很清晰，各种家装室内空间的要素也在方案设计中与平面图和剖面图一起进行初步探讨。

家装设计要十分注重其环境所具有的特性的潜力，通过分析和整合的阶段，先

设计师签单实例

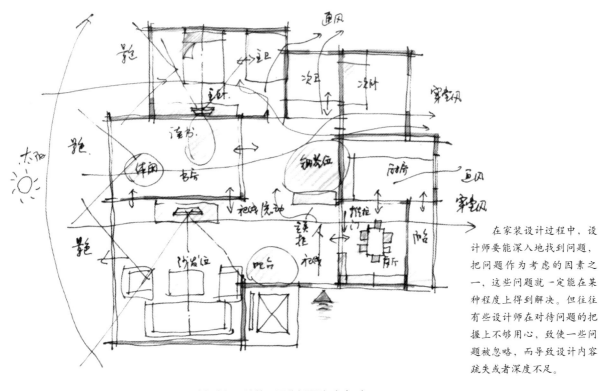

在家装设计过程中，设计师要能深入地找到问题，把问题作为考虑的因素之一，这些问题就一定能在某种程度上得到解决。但往往有些设计师在对待问题的把握上不够用心，致使一些问题被忽略，而导致设计内容疏失或者深度不足。

设计师当场手绘的平面分析图稿(方案2)

分析出种种需求、目标与冲突点，再将它们整合而作为设计创作的依据和素材。因此主动寻找问题对于创作过程中解决问题具有关键性的作用和意义。若设计师能深思熟虑地寻求许多隐含的问题与潜力，则这个设计作品就自然能在丰富的条件中发展得更加深入和完美。

任何一个设计方案，经过了概要设计阶段中设计师的自我评估或与其他有关人员及业主的沟通后，设计理念在功能、形式以及内容上都大致确定，这时需要用不同的表达方式，将初步确定的理念发展到更详尽的阶段。

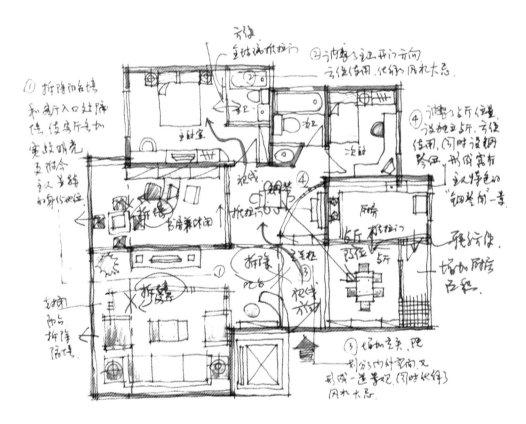

设计师当场手绘的平面分析图稿

针对该装修家庭出现的家装问题，设计师当场提出了相应的解决方案，并当场手绘出调整后的平面布置图。

首先对各个房间的使用进行了重新的配置：如改变原餐厅的位置，设独立的餐厅，这样使用起来更加方便；靠近客厅的卧室改为书房兼休闲室。另外，对空间结构也作了相应的调整：如客厅拆除部分墙体，使得客厅更加宽敞明亮；原餐厅位改作钢琴角，成为家中一景，使得整个设计更具特点，符合家庭气氛；大

门设门厅，避免与卫生间对冲，也增加一道亮丽景观；厨房和餐厅隔墙拆除，改为推拉门，方便使用，等等。

这个过程是一个大处着眼、细处着手、总体与细部深入推敲的过程，主要是理顺原来建筑空间的功能和空间关系。尽管画的是平面图，但是在画的过程中，设计师应该同时考虑到空间上的视觉感受。这一步是整个家庭装修设计成败的关键，也是设计师签单成功的关键。

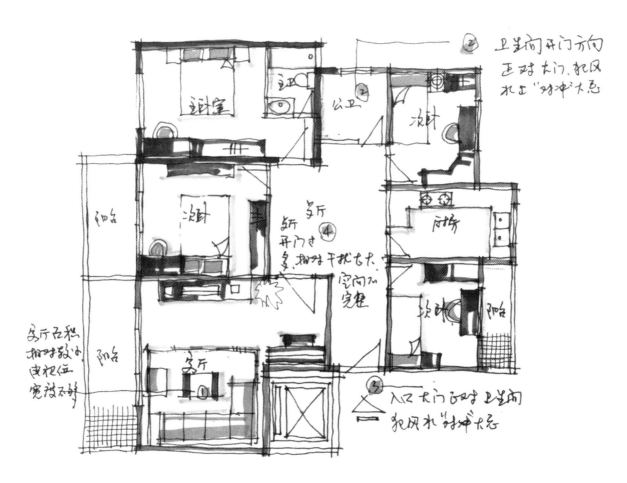

设计师当场手绘的平面分析图稿

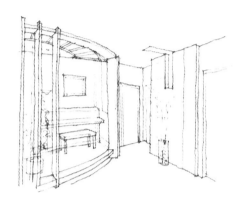

分析完平面布置图，设计师接着就要考虑立面及空间效果的设计，其实，这一般都是同时进行的：在考虑平面图的同时也在考虑其立面和空间效果，当然，在考虑立面和空间效果时，也可以反过来再修改平面图。

在手绘效果图时，主要反映的是设计的空间效果和艺术效果，因此，更多关注的是造型和色彩。因为是当场手绘，所以不必过于在意细节的精准，只要能反映出空间的气氛和感觉就可以了。

设计师当场手绘的"钢琴角"效果图黑白线条稿

这里是"钢琴角"的透视效果图，设计师的设计灵感来源于音乐的"灵韵"。

设计师当场手绘的"钢琴角"效果图完成稿

3.评估设计方案阶段

评估的定义即对事物做出估价，评价其价值。这也是一个很重要的阶段，设计师在提出一个或几个解决方案后，就需要对它们进行评估和评价。评估的标准以设计的目的为基础，然后按设计标准对方案进行评价。

设计标准首要关注的应该是方案的整体性，应该包罗设计各个方面的问题。我们以需要、脉络和形式三大基本要素谨慎发展而定，就可保证从各个角度来观察设计意图（如图所示）。

其次要关注的是设计如何表达以及价值是代表谁的。在家装设计时，往往要按照家装客户的价值，甚至以使用惯例或法规的形式为基础作出抉择。列出一系列评价标准，对之进行衡量，可以看出在价值上的平衡。价值的不同意见仍须经过协商，但设计师至少可以对价值和特定设计评价之间的关系加以阐明。

设计评价的第三个关注与我们观察设计构思的不同方法有关。有些设计师比较倾向于理性，即他们极其重视平面组织、功能等这类因素；而倾向于感性的设计师则对室内外的个人直接经验比较感兴趣。其实，理性和感性两者对设计经验都是重要的，因此它们对设计意图的评价也是重要的。设计师必须意识到设计评价中的这两种倾向，并且力求采取平衡的评价方法。

在评价过程中要做好记录，并对评选方案进行相互比较。这样才有助于深入理解各方案的优缺点。以这种方式，设计师也往往可识别出最佳设想，并以比较中发现的信息来发展该设想。

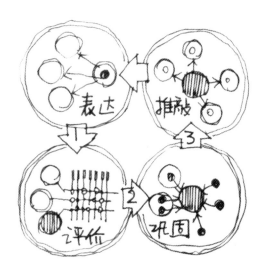

家装设计思维的推导过程

通过图形表达，将不同的设计概念落实于纸面；经过功能分析评价设计概念，过滤外在制约因素，选择最佳设计概念，使之巩固发展；反复推敲细节，使概念逐渐完善，从而进入下一循环。

设计师签单实例

三种平面评价图

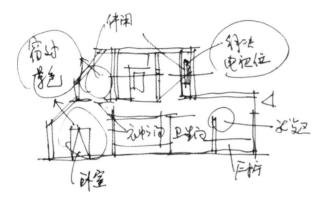

平面布置方案1:

突出卧室的功能,并解决了电视位,但就餐位偏小,且客厅面积偏小。

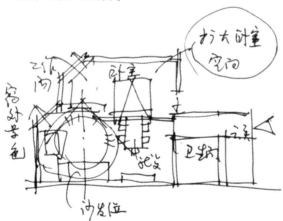

平面布置方案2:

重点解决了就餐位,并且很好地处理了功能分区问题。

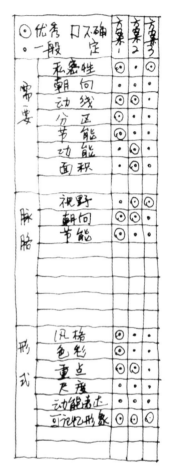

某设计方案的矩阵评价图

此图表用以评比设计方案的价值。图表列举在需要、脉络和形式标题下的设计评价。每一标题的标准按主次从左向右排列。可从中统计各项优越性。方案1、2、3为评选对象。评价上述方案在解决各项设计问题中属优秀还是一般。空白格表示无特定要求。从图表可以全面地观察每一评选方案在设计上是否成功。

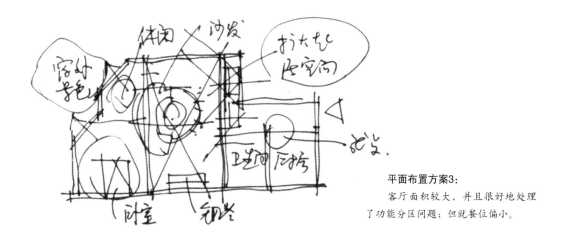

平面布置方案3：
　　客厅面积较大，并且很好地处理
了功能分区问题；但就餐位偏小。

设计师签单实例

方案1 透视评价图
很好地解决了功能分区，空间紧凑而亲切。

两种透视效果评价图

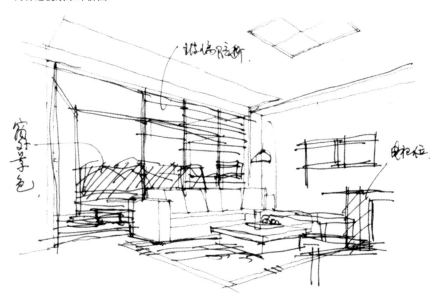

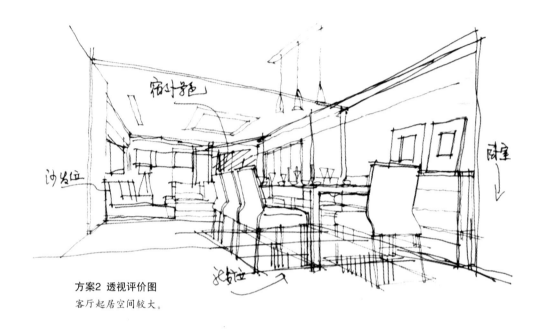

方案2　透视评价图

客厅起居空间较大。

4.选择设计方案

选择取决于评价的结果，从中挑选出一个最优方案。如果没有出类拔萃的方案，可以选择两个或两个以上的并列方案加以合并。但是，一般情况下，选定的方案往往采纳其他方案中某些较成功的局部处理来进一步修改。

家装设计过程也是一个寻找各种可能性的过程。在解决设计问题与创作过程中，设计师应该对自己的设计意念采用不同方案进行比较和筛选，拓宽方案的发展方向，使之能够对其进行系统评估。更重要的还是在确定的方案上进行后续发展，这种多方面考虑问题的方法对设计方案的完善和后续发展将产生积极作用，特别是在概要设计和设计发展这两个较早的阶段更有必要。

最后的抉择方案必须附有详细说明，以利下一阶段的设计。

设计师签单实例

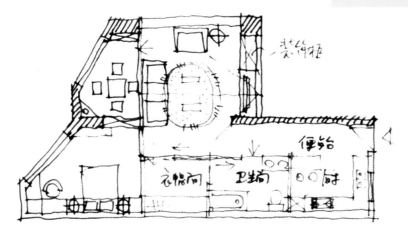

平面布置方案1

有种理论认为：设计的行为是一个基于个人先前经验而寻求各种不同可能性的过程，比较每一个方案都是由设计者本身曾经有的经验为基础，配合所面对的设计条件转化而得。这种理论观点强调了设计师要主动寻求自己知识范围中的种种可能方向以外，也告诉我们，丰富的设计经验对创作出好的设计很重要。

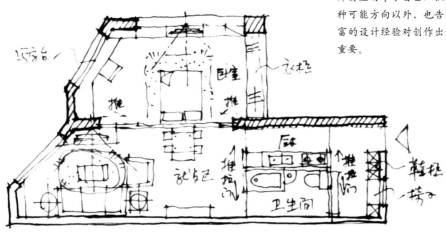

平面布置方案2

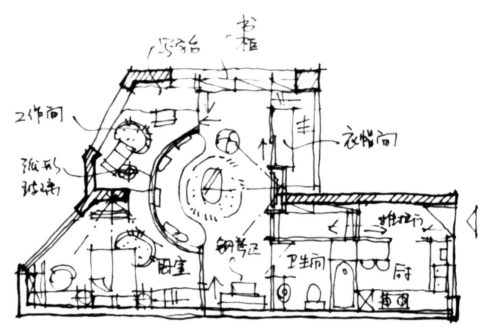

平面布置方案3

家装方案设计的过程与表达

家装设计阶段是家庭装修的决定性阶段，它影响到家装室内设计的格调、空间效能和艺术质量，决定整个家装室内设计水平。这个阶段的设计过程也很复杂，每个过程既有次序又有交叉。

1.整体构思和空间设计

家装设计方案的整体构思是从原建筑平面空间格局分析开始的，这是整个家装设计的基础。

设计师首先应详细了解家装客户的装修需求，然后根据家装客户提供的原建筑平面图，对该家装客户新居的空间格局进行分析和调整。这一步的关键是找出家装客户的装修需求与原建筑平面图存在的关系和矛盾，围绕调整和理顺原建筑平面空间关系这一中心，找出家装客户存在的家装问题和空间解决方案。

设计师签单实例

设计构想

　　家装设计师应首先研究好家庭室内空间的建筑格局，熟悉设计资料和设计要求。

　　家装设计是从构想开始的，家装设计的构想是家装设计的基础。它包括整个家庭空间和各部分室内空间的功能划分、面积配置、动线关系、家庭空间艺术格调、气氛和特色。

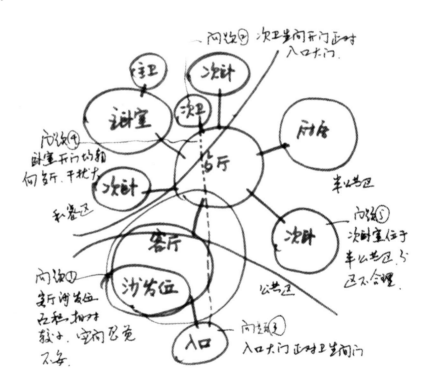

空间的调整

其次是空间设计。首先，在熟悉设计资料和建筑结构的基础上进行空间分隔、合理地组织空间关系。功能分区是否合理、面积配置是否合适、流线是否顺畅、空间的感觉如何、是否别扭？等等。再进一步按功能关系和空间造型的要求，安排室内动线，然后确定墙面、地面和顶棚的尺度关系。如：地面标高、隔断位置以及顶棚净高等；最后，根据室内气氛构思，确定室内装修材料。

在此基础上，就可以根据室内空间和动线设计，确定家具和其他陈设的布置形式，以及各种家具的数量、配套、尺度、用料和形式。家具可以选订也可以根据空间要求单独设计定制。家具实际上也起着限定和分隔空间的作用。

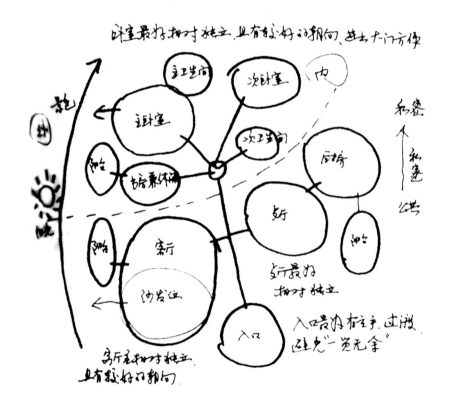

设计师当场手绘的构思草图

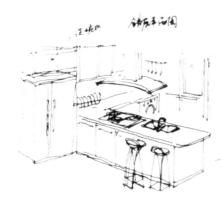

设计师当场手绘的厨房效果图黑白线条稿

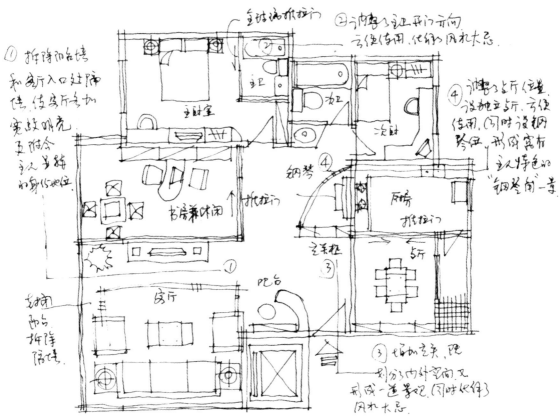

设计师当场手绘的平面分析图黑白线条稿

2.顶棚、地面及电气设计

顶棚和地面，甚至是照明设计实际上也是空间设计的延续，它们都起到了分隔和限定空间的作用。

注意电气位置和数量的安排，关系到将来使用的方便程度，要考虑细致和将来的发展。

在设计顶棚之前，首先要确定顶棚标高，然后根据室内环境整体关系，确定顶棚的形式、用料和做法。应当注意顶棚是室内最显著的部分，它的设计跟室内空间的功能、划分、气氛有很大关系。

具体的设计方法和技巧，请参阅第一章有关内容。

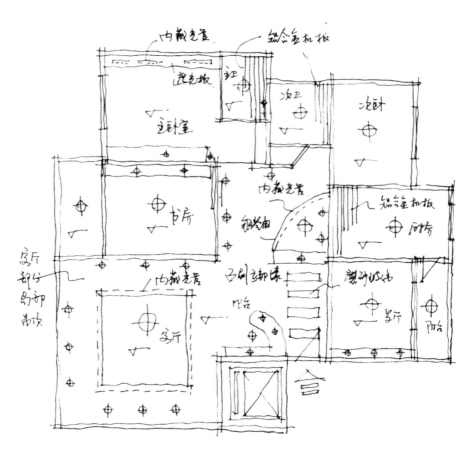

设计师当场手绘的顶棚布置效果图黑白线条稿

地面设计应先按室内整体设计要求，确定地面的色彩、质地和装饰结构，然后选定装饰材料、做法、地毯图案，可选用也可设计订制。具体的设计方法和技巧，请参阅第一章等有关内容。

在电气设计时主要是考虑照明设计，如照明方式，整体和局部照明的照度、色温、灯具及灯饰选用、确定位置、线路及控制系统、开关及插座位置。这些内容也可先由室内设计师提出要求，再由有关专业人员进行设计。但在家装设计中往往是由设计师独立完成的。

具体的设计方法和技巧，请参阅本丛书第二册有关内容。

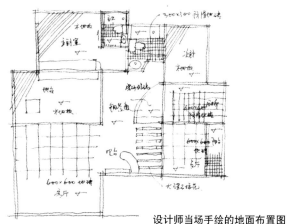

设计师当场手绘的地面布置图

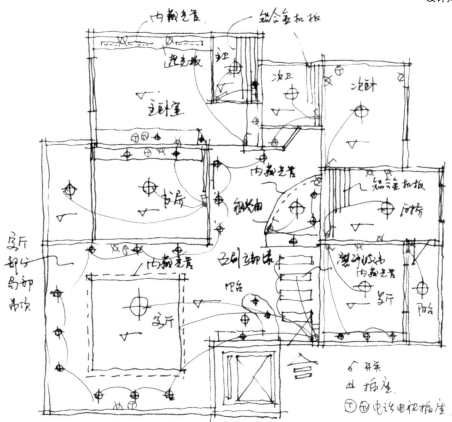

设计师当场手绘的电器布置图

3.空间细部装饰的设计

尽管经过前面的空间设计后，我们已经初步得出了一个令人满意的空间格局，但这还只是一个框架。具体到底应该怎样布置、用什么材料、什么工艺？这一切还得最终落实到造型设计、色彩设计、装饰设计等这些具体的工作来完成，这一般主要是指家庭装修墙立面效果、细部效果及色调和装饰品选择及布置等设计。需要注意的是：这步的工作也应该是围绕着如何营造舒适的生活空间来进行，是对上一步空间调整工作的完善和补充。但更多的是艺术感觉和环境气氛的推敲，因而也是最能发挥设计师设计能力的地方。

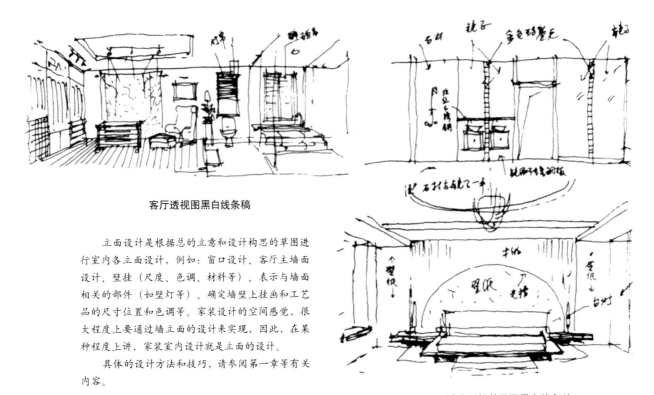

客厅透视图黑白线条稿

立面设计是根据总的立意和设计构思的草图进行室内各立面设计，例如：窗口设计、客厅主墙面设计、壁挂（尺度、色调、材料等）、表示与墙面相关的部件（如壁灯等）、确定墙壁上挂画和工艺品的尺寸位置和色调等。家装设计的空间感觉，很大程度上要通过墙立面的设计来实现，因此，在某种程度上讲，家装室内设计就是立面的设计。

具体的设计方法和技巧，请参阅第一章等有关内容。

卧室透视效果图黑白线条稿

细部设计是立面设计的进一步完善，是按空间整体和各部分的统一要求，再进行的细部处理。这一步实际上是要贯穿设计全过程始终的，要求与室内整体风格和造型协调一致。家装设计不同于大型的公装，要注意细部的刻画，一定要有一些精彩的细部。

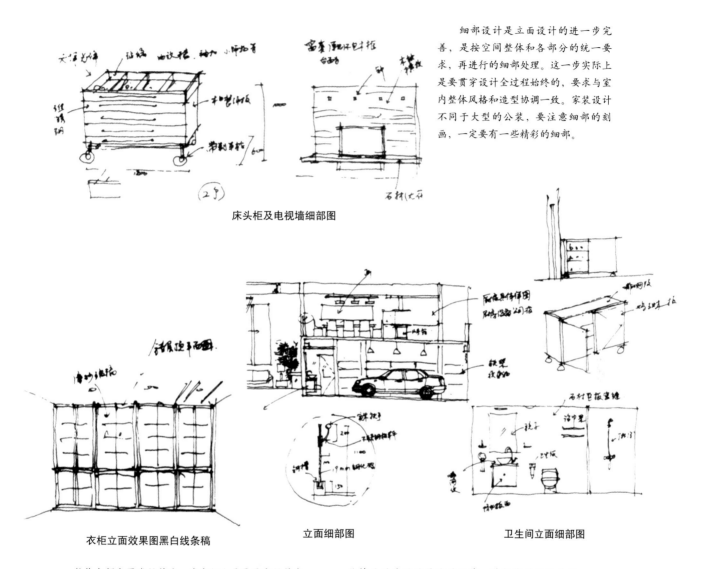

床头柜及电视墙细部图

衣柜立面效果图黑白线条稿

立面细部图

卫生间立面细部图

　　整体色调和图案设计这一步实际上是要贯穿设计全过程始终的。家装色调设计在家装设计中非常重要，对于整个家装设计的气氛和格调起着关键的作用。在色调设计的同时要考虑所选材料的整体质地设计。

　　主要包括墙面、地面、顶棚、家具、纺织品（包括软垫面料、床罩、台布、窗帘、餐巾等）。

　　装饰品的选用是最后的工作，对整体的装修效果起到补充和画龙点睛的作用。需要注意装饰品形式与室内整体环境相协调，同时还要注意艺术品本身的艺术水平，它们可以单独摆设，也可以同室内装修结合处理。

4.形象表达和图纸绘制

当家装的材料、设备、家具等确定后，也就是说设计方案完成后，设计师要画出透视图来表达出设计效果，或制作出模型请家装客户看，待客户确定方案后，再画出详细的工程图纸。

实际上这个过程也要贯穿设计过程的始终。设计师有了好的创意和想法一定要及时跟家装客户交流沟通，最好是采用立体效果图等客户能理解的方式。但是，设计师表达设计方案的方法可以多样，以表达清楚，艺术感染力强为原则。

设计师当场手绘完成的客厅效果图

设计师当场手绘完成的客厅设计效果图彩色完成稿

设计师签单实例

设计师当场手绘完成的书房设计效果图彩色完成稿

第五章
方案设计与空间调节
——怎样进行家装空间的调整和改造

家装设计师在进行家装设计时，首先要重视住宅空间效果的形成。室内空间调节是家装设计的前提和手段，我们反对任何形式的"涂脂抹粉"式的家装设计。

家居空间与空间设计

1.室内空间印象的形成

我们已经知道，家装设计就是为了创造更舒适的家庭空间环境，家装设计首先就是对原来建筑空间格局的调整和改造。那么，什么是空间？空间是怎么形成的？我们又是怎样来感受空间呢？这是设计师首先要搞清楚的问题。

我们的视线一般只会对存在的物体比较注意，因此说到空间，可能对于实实在在的房子形成的"空间"比较好理解，如客厅空间、卧室空间、餐厅空间等等。

其实，这并不是空间的惟一形式，除此之外，还有那些"虚"的空间，例如：心理空间、领域空间等。这些是人们在长期生活中形成的一些特殊的空间形式，是人们在不知不觉的体验中由潜意识的知觉所捕捉的。空间，无论你是否"看"得到，它都会存在。

空间是由我们所看到的实体构成的，实体主要是占有空间，但也作为"间"限定了空间。这些实体，就是构成空间的基本元素。

空间是有性格的。这些元素"间"的条件不同，空间的聚散显隐的状况亦不相同。我们可以把构成这些空间元素归纳为水平基面、垂直基面和顶面；或者是点、线、面。它们可以是一盏灯具，也可以是一个柱子、一面墙；也可

以是几盏灯具，或者是几个柱子、几面墙；可以有顶，也可以没有顶；可以是水平的，也可以是垂直的。但无论哪种限定都会让置身其中的人感受到不同的"空间意境"，这就是所谓空间的性格。不论你是否看到，家庭室内空间都会必然对生活

空间的基本概念

正确理解空间的概念及其表现形式，对家装设计师进行家装室内设计至关重要。从某种程度上讲，家装设计实际上就是家庭室内"空间"的设计。

一张地毯形成的休憩空间

两排林荫道形成的空间

草地上铺上一张地毯，就把他们从周围环境中明确地划分出来，从而赋予地面某种空间感。

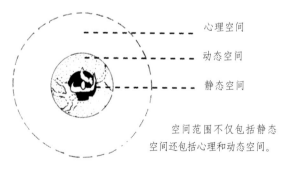

空间范围不仅包括静态空间还包括心理和动态空间。

空间范围构成示意图

在其中的人们形成某种影响。家居室内空间的形状和组合有很多种，每种空间和组合都有其各自的性格。

在家装设计中，不同功能的空间需要相应的空间形式来配合，否则，人们就会觉得很别扭、难受。

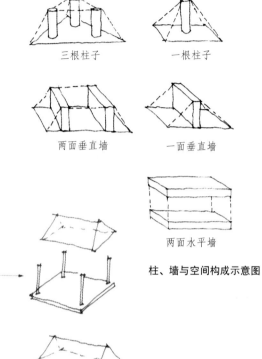

三根柱子　　　　一根柱子

两面垂直墙　　　　一面垂直墙

两面水平墙

柱、墙与空间构成示意图

一般室内空间是由四面围合而成的，通常呈六面体形式，这六面体分别由顶面、地面和墙面组成。

室内空间构成示意图

空间的限定

利用装饰品划分空间

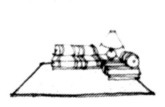

利用家具物品划分空间

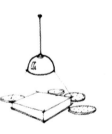

利用照明划分空间

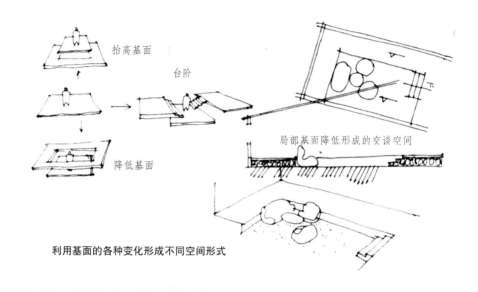

抬高基面

台阶

降低基面

局部基面降低形成的交谈空间

利用基面的各种变化形成不同空间形式

我们看到的形形色色的空间构成形式，就其构成基本要素而言，无非是由基面、垂直面和顶面构成。在家装设计中，通过对这三个面的不同处理、变化，使得室内环境产生多种变化，或层次分明，或重点突出，或形成某种环境气氛。

如左图所示，客厅顶棚上吊一盏花灯，即使在白天也将成为众人瞩目的中心，使室内的空间的意义顿然不同。

设计师当场手绘完成的餐厅设计效果图彩色完成稿

空间的基面

在一个房间的室内变化地面的高度（抬高或降低地面）会使得在空间变化的同时带来生活行为和视线处理上的变化。

基面抬高较低　　　基面抬高至一定高度　　　基面抬高超过人的视线高度

抬高基面的高度、范围与视觉的关系

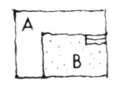

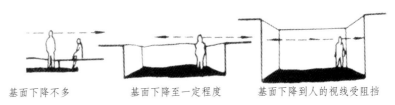

基面下降不多　　　基面下降至一定程度　　　基面下降到人的视线受阻挡

下沉基面的高度、范围与视觉的关系

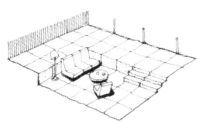

降低基面形成的空间

某客厅地面局部利用降低基面形成了一个亲切私密的谈话空间。

圆形的下沉式基面，规划出一个生动有趣的会客空间。

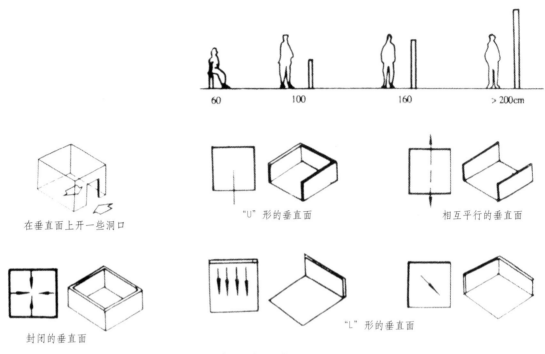

60	100	160	> 200cm

在垂直面上开一些洞口

"U"形的垂直面

相互平行的垂直面

封闭的垂直面

"L"形的垂直面

垂直面和空间维护感的关系

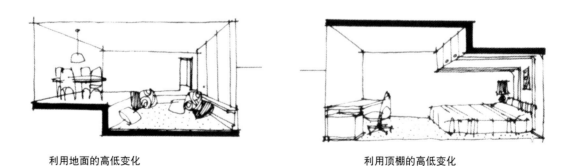

利用地面的高低变化　　　　　　　　利用顶棚的高低变化

　　　空间的调整和改造是家装设计的第一步，也是最关键的一步。一定的功能需要一定的空间形式来满足，设计师的任务就是要让家装空间的每一平方米都"各得其所"。

2.空间设计与空间气氛

实体是创造形态，空间则是借助于实体形态而创造氛围、意境，它需要观赏者的主观参与和体验。

家装设计和绘画等艺术不同，主要是靠构成室内空间的的地面、顶棚、墙面和梁柱等空间构成要素来传达设计师的艺术境界的。从这个意义上讲，家装设计是完全的抽象艺术，其中，空间形态的表情，是创造室内空间气氛的重要手段。

空间形状有着自身的表情，不同的空间形状能产生不同的方向感和空间效果，不同的空间形态具有不同的性格特征。

一般说来，直面限定的空间形状表情严肃，曲面限定的空间形状表情生动；

方圆等严谨规整的几何形空间，给人以端庄、平稳、肃穆和庄严的感觉；不规则的空间形态给人随意、自然、流畅的氛围；封闭式空间是内向、肯定、隔世、静谧的写照；开敞式空间令人有开阔宏伟之感；低矮的空间则往往让人倍感亲切和温馨。

某别墅装修，高大的客厅中局部吊顶降低，给人以舒畅、亲切的感受。

空间的尺度、形状与人的感觉

A、使人感到压抑　　B、使人感到亲切　　C、使人感到不亲切

$h/a<1$　　$h/a=1$　　$h/a>1$

A、引力感很强　　B、有引力感　　C、引力感很弱

空间高度与人的感觉

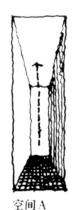

空间A

某教堂高直的室内空间感觉

教堂和大会堂——由于具有超人的尺度，气势大，给人以庄严、博大、宏伟的感觉；而家庭空间由于尺度近人，空间紧凑，给人以亲切、小巧和安静的感觉。

C:低平的空间：产生开阔的空间感觉

B:细长的空间：产生向前的空间感觉

A:高直的空间：产生向上的空间感觉

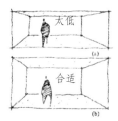

空间的高度和人的感觉

最常见的室内空间一般是呈矩形平面的长方体，空间长、宽高的比例不同，形状也可以有多样的变化。

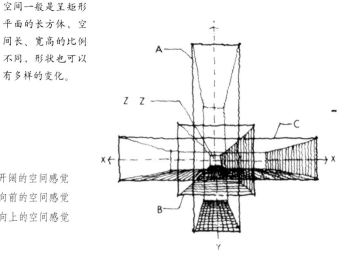

空间的形状与感觉

还有一些其他形状的室内空间，这些空间也会因为其形状不同而给人以不同的感觉。

①穹隆形空间具有向心、内聚、收敛的感觉。

②中央低四周高、圆形平面的空间，具有离心、扩散的感觉。

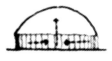

③中间高两旁低的空间具有沿纵轴内聚感。

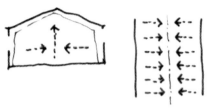

某家装客厅空间，具有强烈的向心内聚和收敛的感觉。

④当中低两旁高的空间具有沿纵轴外向感。

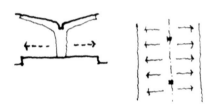

⑤弯曲、弧形或环形的空间可以产生一种导向感，诱导人们沿着空间的轴线方向前进。

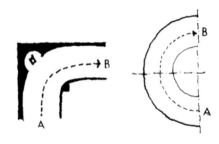

设计师当场手绘完成的客厅设计效果图彩色完成稿

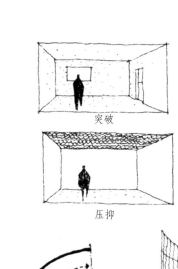

突破　　　　　　　　　限制　　　　　　　　　轻松

压抑　　　　　　　　　提高　　　　　　　　　有力

利用空间的围透关系可以使小空间显得宽敞，如房间中的大玻璃落地窗或全玻璃隔断等，都能起到这样的作用。

空间的围透关系

外围内透把视线引向室内

当由低而小的空间进入高而大的空间时，则可借空间的对比与衬托使后者感到更加高大。

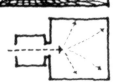

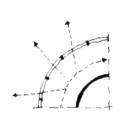

内围外透把视线引向室外

如果把不同形状的空间组织在一起，也可以利用空间的对比与变化而打破单调。

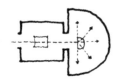

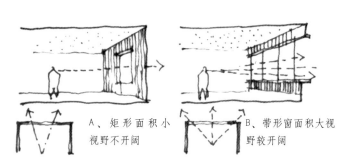

A、矩形面积小视野不开阔　　　B、带形窗面积大视野较开阔

空间对比与变化给人的感觉

开窗面积愈大、愈扁就愈能获得开敞、明快的感觉

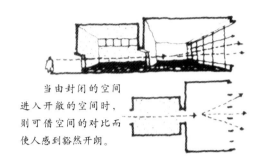

当由封闭的空间
进入开敞的空间时，
则可借空间的对比而
使人感到豁然开朗。

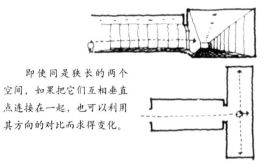

即使同是狭长的两个
空间，如果把它们互相垂直
点连接在一起，也可以利用
其方向的对比而求得变化。

在大空间中，利用局部夹层空间高度降低形成一个
亲切的会客空间。

设计师当场手绘完成的客厅设计效果图彩色完成稿

中国古代园林的景窗

空间的延伸与隐匿

  从室外进入室内，最好有门厅来进行过渡。由空间相对压抑的门厅进入宽敞明亮的客厅。

空间的衔接与过度

空间的渗透与层次

  利用复式结构局部地面抬高作餐厅，形成相对完整的就餐空间，既相对独立，又和客厅主空间相互渗透与延伸，扩大了就餐和会客双厅的空间。

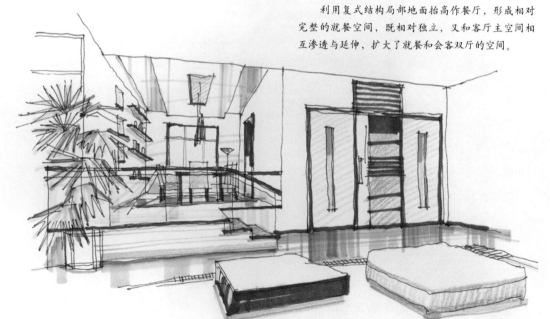

设计师当场手绘完成的餐厅设计效果图彩色完成稿

3.家装设计与空间调节

　　家装设计师的设计是在家装客户新居原来建筑空间内部进行的。由于客观存在的原因，原来的家居空间格局难免在室内空间出现一些功能分区、面积配置、动线布局以及比例、尺度、形状等方面不理想的地方。这种非理想的空间形态，就是所谓的"失衡空间"，可能是使用上的，也可能是视觉和心理上的。因此，在家装设计师首先需要对家装客户原建筑室内空间进行调整和改造。一般来说，这包括建筑界面的实质性调节和视觉感观的非实质性调节。目前，一些家装设计师忽视了这个阶段，只是消极地对既定空间进行"涂脂抹粉"，认为家装设计仅仅就是对六个面的"装修"，这样是做不好家装设计的。

　　所谓实质性调节，就是通过改造建筑实体的空间界面和构件，使之适于或接近理想的室内空间形态，从而给进一步的装修计划创造良好的基础条件。如通过改变房间的墙面、地面、顶棚，重新组合它们之间的关系，或改变界面的形状和样式，来达到调节空间形态的目的；比如通过各种形式的隔断，将失衡的空间分隔成几个部分，改变原有的不利状态，使之既实用又能使人的心理和视觉得到平衡；再如通

过依附于建筑实体上的固定构件来对空间加以控制，使之起到充实空间，扩大或缩小空间的调节作用。在调节时，要处理好空间的序列与节奏、衔接与过渡的设计，同时要注意空间的分隔与限定、渗透与层次、引导与聚焦、延伸与隐匿等空间语言的运用。

空间的分隔与限定

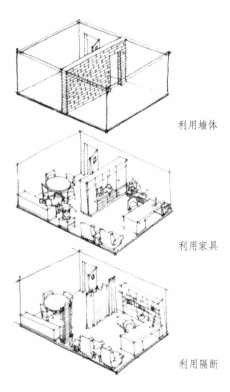

利用墙体

利用家具

利用隔断

分隔室内空间的几种方法

家装室内设计，首先应该从调整室内空间开始。从某种意义上讲，空间调节好了，即使装修材料差些，室内装饰效果也会不错；相反，装修再好，空间没有调节好，室内效果也不会好。

实际上，所谓室内空间的调整和改造，主要是通过改变构成空间的基本元素的构成方式进行的。

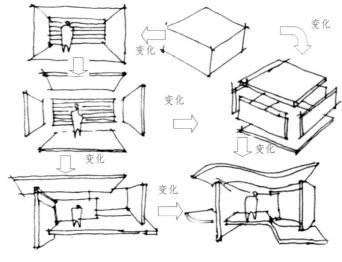

变化

变化

变化

变化

变化

变化

家装设计中的空间调节示意图

所谓非实质性调节，就是指通过非结构性的附加装饰手段，对空间进行视觉和心理上的调节，并不增加实际的空间量。如通过色彩来调节空间的大小；通过装饰品来调节空间的大小、气氛等；通过材料质感来调节空间的大小等。在家装设计过程中，非实质性调节的意义和作用不亚于对空间的实质性调节。

在家装室内设计签单过程中，空间的调整和改造是家装设计的前提和基础，是家装设计的整体战略设计，也是统一全局的关键环节，而其他的设计内容，如灯光、装饰品、家具、绿化等的设计都是为此服务的，或是对它的深化和补充。

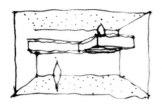
利用局部升高空间划分

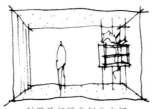
利用局部绿化划分空间

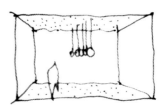
利用灯具进行空间划分

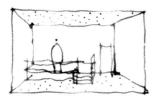
利用看台升高空间划分

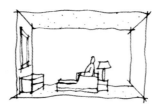
利用家具和墙上装饰画划分空间

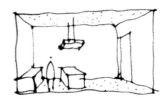
利用陈设进行空间划分

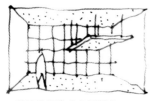
利用局部降低空间划分

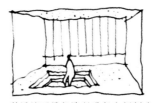
利用地面局部降低进行空间划分

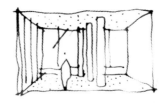
利用列柱划分空间

设计师常用的调整室内空间的处理手法

设计师签单实例

　　尽管在入口处面积不大，但却有门厅、吧台、楼梯和就餐等多个功能空间。如何安排和调整好空间，使各功能空间各得其所，恰如其分，是设计师的首要任务。设计师首先利用玻璃隔断和吊顶把就餐空间划分出来，再利用餐桌和吊灯及地毯，进一步限定出就餐空间。大门入口处则因为隔断和顶棚的处理，形成门厅空间；左手边局部开敞的楼梯自然而然地引导着人们向二层空间的视线；就连楼梯的下方也不浪费，较矮和半封闭的空间被巧妙地用来做一个休闲的吧台，同时也展现出主人的时尚和浪漫。真是一个精心而巧妙的构思和设计。

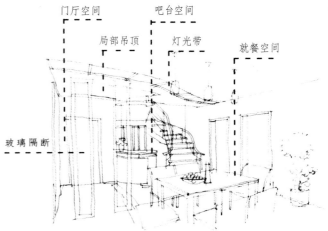
门厅空间　吧台空间　局部吊顶　灯光带　就餐空间　玻璃隔断

设计师当场手绘完成的餐厅设计效果图黑白线条稿

设计师当场手绘完成的餐厅设计效果图彩色完成稿

设计师签单实例

这是一个常见的客、餐厅空间设计实例。由于客餐厅合用一个大空间，因此如何打破"模糊双厅"，从大空间中限定出完整的就餐空间是本案的重点。

设计师首先选择了一张气派的餐桌椅，无形中就形成了一个有别于客厅的就餐空间，为了加强这种空间感觉，设计师分别对餐桌上方的局部吊顶和墙面做了处理，进一步限定了就餐空间。

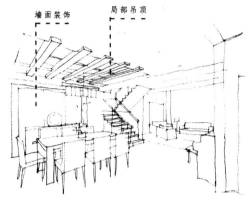

设计师当场手绘完成的餐厅设计效果图黑白线条

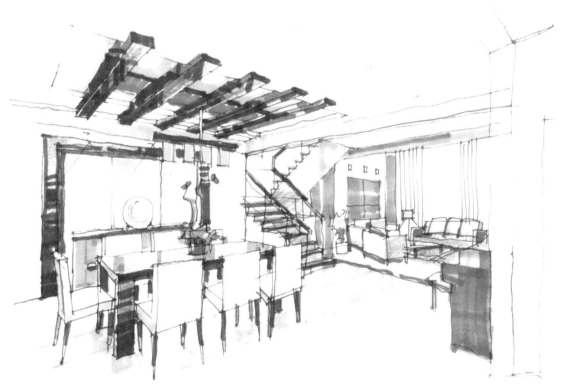

设计师当场手绘完成的餐厅设计效果图彩色完成稿

设计师签单实例

　　这是一个旧房的改造装修。装修是由破坏开始，将旧空间完全破除，重新改造为生命有机空间，着实需要巧思与功夫。这是一座传统电梯公寓顶楼，经过设计师鬼斧神工，化腐朽为神奇，摇身一变神似透天楼中楼。空间中腾空出楼中楼该有的门厅、客厅、餐厅、主卧室、母亲房、孩子房以及佛堂、起居室皆设计入内；转承起折、动线分明、大气利落。

　　设计的目的在于通过对原空间格局的调整和改造来改变现有的价值。设计师以物超所值的用料和家具，将空间铺陈的简洁有力、兼具现代感。

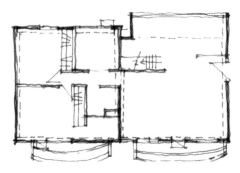

原建筑平面图（一层平面图）

老人房要放在南向，视野也要相对开阔。　　改变楼梯位置，方便上下层的联系。　　吧台，起到分隔空间的作用。　　入口处增加门厅空间。

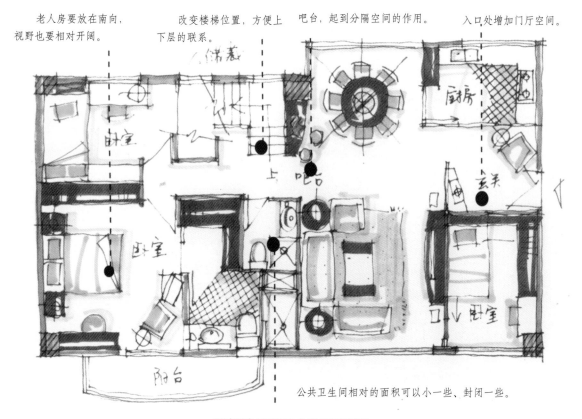

公共卫生间相对的面积可以小一些、封闭一些。

设计师当场手绘完成的平面布置图

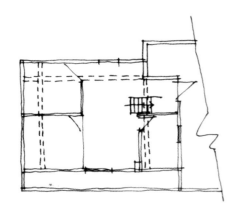

原建筑平面图（二层平面图）

如同导演角色的设计师，不讳言地表示：设计就是用言语，将原来没有的东西，整合予以化整为零，归纳为协调美感之境界。这其中有预算的考虑、认知的差异以及沟通协商的技巧。

整体而言，一笔预算要花费在刀刃的运用上，且大都是隐藏不见痕迹，实非易事，顶楼腾空建立起母亲的和室房与起居室，向外延伸出一座空中花园，在都市中难得一见此好景致，更增加了家人亲子互动，或客居恳谈的心灵空间。

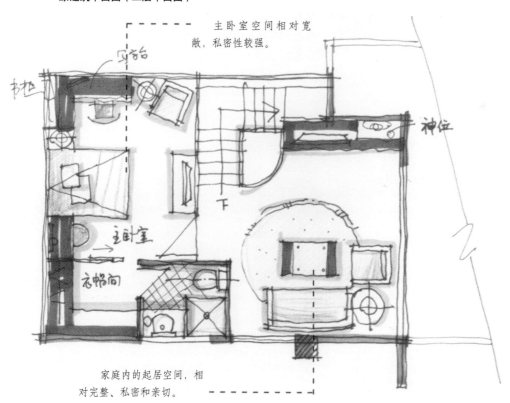

主卧室空间相对宽敞，私密性较强。

家庭内的起居空间，相对完整、私密和亲切。

设计师当场手绘完成的平面布置图

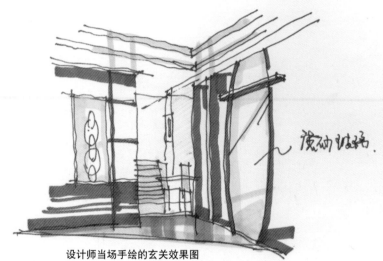

（左图）空间相对狭小，起到过渡和引导的作用。

（下图）半开放的餐厅，通过顶面局部吊顶起到限定空间的作用。墙面相对通透的处理也使得狭窄的空间相对开敞。

设计师当场手绘的玄关效果图

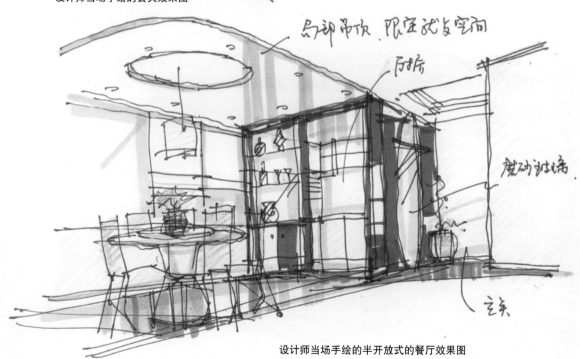

设计师当场手绘的半开放式的餐厅效果图

灯光气氛与空间设计

光和影本身就是一种特殊性质的艺术，透过光线的照射，装饰才会产生生命。光的亮度和色彩是决定气氛的主要因素；室内的气氛由于不同的光色而变化；空间的不同效果，也可以通过光的作用而充分表现。

在家装室内氛围的营造中，光是最具表现力的角色。因此，设计师在进行家装室内设计中，都会将光作为渲染气氛的主要手段。设计师通过光的投射、强调、映射、明暗对比等手法，或实，或虚来表现体量、空间和质感；强调或柔化了空间发掘和材质对比所产生的效果；用光与色彩、光与空间结构相结合产生新的韵律感和节奏感。

我们一般把光分为自然光和人工光。自然光大体分为侧光和顶光，主要是通过窗户进光，设计师主要是控制入射的量和方向；人工光主要是灯光照明，设计师主要是通过选择灯具类型和照明方式来进行室内空间的调整和设计。

不同的灯具有不同的照明效果，不同的照明方式也会产生不同的艺术气氛。一般来说，家装室内空间照明的布局都是采取大空间的整体照明（也叫基础照明），

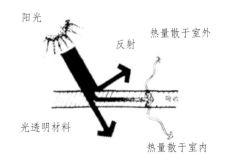

光照射在不同材料上会产生不同的现象，可产生反射、折射、通过、吸收和扩散的效果。

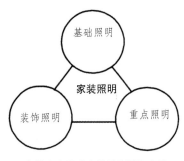

家装室内照明光线的布局和方法

辅以重点照明（也叫局部照明）和装饰照明（也叫整体与局部混合照明）的方法。在家装设计中，不同功能的各个房间对照明设计地要求是不同的，设计师要根据其空间特点分别设计。

光的作用影响到每一个人，室内照明设计就是利用光的一切特性，去创造所需要的光的环境，通过照明充分发挥其艺术作用，并表现在以下四个方面。

设计师如果能充分利用好阳光，对活跃室内气氛，创造空间立体感以及光影的对比效果，会起到很好的作用。如图所示，阳光透过落地窗，照射在客厅沙发和墙壁上，使整个空间显得格外温馨和舒适。

家装照明设计的基本功，在于善于控制，即善于操纵"亮度"和"照明器具"。

自然光照明的室内空间效果与表达

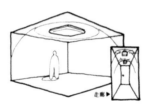

采用顶灯的整体照明

采用下射方向灯（筒灯）的整体照明

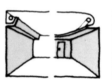

采用灯槽和遮光板的整体和局部照明

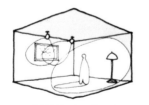

采用射灯和立体灯的局部照明

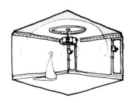

采用吊灯和局部壁灯的整体照明

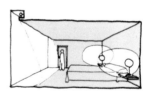

采用灯槽和局部壁灯的局部照明

家庭装修各种照明灯具和照明方式

设计师首先要熟悉各种灯具光线及照明的特点，其次要掌握好家装室内环境照明的一般的方法和特点。

一般来说，家装室内照明光线的布局分基础照明、重点照明和装饰照明。

基础照明是室内全面的、基本的照明，主要是用于环境照明；重点照明也就是局部的照明，用于补充基础照明；而装饰照明则是整体和局部照明的混合，主要用于装饰，增加空间的层次。

设计师一般将90%～95%的光用于重点照明，而5%～10%的光用于环境照明。

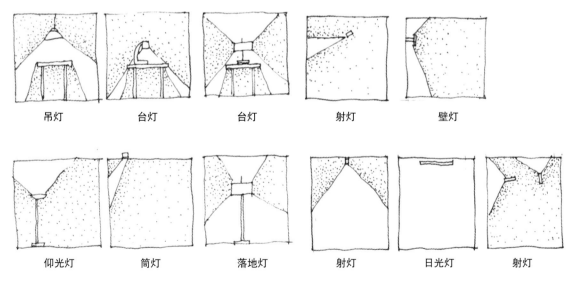

| 吊灯 | 台灯 | 台灯 | 射灯 | 壁灯 |

| 仰光灯 | 筒灯 | 落地灯 | 射灯 | 日光灯 | 射灯 |

灯光照明的位置和投射范围

采用灯槽和遮光板的室内照明效果与表达

采用局部射灯+灯槽照明的室内照明效果与表达

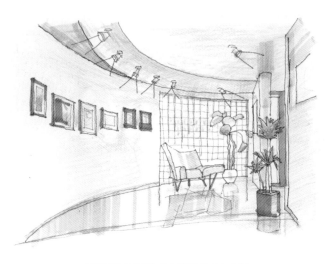

局部射灯照明的室内照明效果与表达

1.灯光创造空间气氛

光的亮度和色彩是决定气氛的主要因素。我们知道光的刺激能影响人的情绪，一般说来，亮的房间比暗的房间更为刺激，但是这种刺激必须和空间所应具有的气氛相适应。适度的愉悦的光能激发和鼓舞人心，而柔弱的光令人轻松而心旷神怡，光的亮度也会对人心理产生影响，有人认为对于加强私密性的谈话区照明可以将亮度减少到功能强度的1/5。光线弱的灯和位置布置得较低的灯，使周围造成较暗的阴影，顶棚显得较低，使房间似乎更亲切。

灯光造型还能带来节日气氛，现代家庭也常用一些红绿的装饰灯来点缀起居室、餐厅，以增加欢乐的气氛。不同色彩的透明或半透明材料，在增加室内光色上可以发挥很大的作用，在餐厅既无整体照明，也无桌上吊灯，只用柔弱的星星点点的烛光照明来渲染气氛。

怎样利用灯光来创造气氛

由于照明方法和光源的种类不同，照明有时候给人带来活力感和稳定感，有时候也给人舒畅感和忧郁感。因此，照明是在心理上给人以很大影响的室内要素之一。

我们常看到一些有较好的家装设计中的照明，顶棚上用有点暗的灯，而在位置比较低的地方用台灯，这两种灯都是暖色的白炽灯，以此使整个房了成为心情钉畅的空间。而许多家庭习惯于在顶棚上安装一盏白色的荧光灯，以此照亮整个房间，可是过分的明亮反而使空间成为平平淡淡的平面，失去深度感和立体感。因为房间是有限的空间，所以要积极地控制光线，以此构成丰富多彩的居住空间，使我们在生活中能布置出一个光和影交织在一起的灯的场景。

设计师当场手绘完成的客厅设计效果图黑白线条稿

鲜明感性的灯光配置与表达

宁静而和谐情调的团圆灯光照明场景与表达

柔和的光与影使轻松时光更丰富

2.加强空间感和立体感

空间的不同效果，可以通过光的作用充分表现出来。实验证明，室内空间的开敞性与光的亮度成正比，亮的房间感觉要大一点，暗的房间感觉要小一点，充满房间的无形的浸射光，也使空间有无限的感觉，而直接光能加强物体的阴影，光影相对比，能加强空间的立体感。如以光源照亮粗糙墙面，使墙面质感更为加强，通过不同光的特性和室内亮度的不同分布，使室内空间显得比用单一性质的光更存生气。

可以利用光的作用，来加强希望注意的地方，如趣味中心；也可以用来削弱不希望被注意的次要地方，从而进一步使空间得到完善和净化。照明也可以使空间变得实和虚，许多台阶照明及家具的底部照明，使物体和地面"脱离"形成悬浮的效果，而使空间显得空透、轻盈。

怎样利用灯光来实现多种用途

怎样利用灯光的效应获得一个广阔的生活空间呢？可以通过变化的照明，使一个房间具有多种灵活的使用功能。

有了明暗使明亮更加显眼。给人稳定感的灯光，不一定都照到很小的地方，所以需要使亮光的部分和阴暗的部分保持平衡。

例如客厅兼餐厅的房间，在这里可以休息、吃饭、读书，有时候小孩在这里做作业等，是一个多功能使用的空间。根据使用的目的，除了顶棚的照明器具以外，还要好好利用其他照明器具，即小聚光灯和托架、台灯等。利用得好就能给人带来好像完全另一个房间的感觉。

3.满足空间使用功能

室内空间由于尺度不同，功能各异，按照功能要求来组织空间时，一般有大小、层次、过渡、敞开、闭合、灵活处理等方式，但是任何方式的室内空间都要求一定的明视条件，除了天然光而外，人工光(灯光)能够以其光通量、照度、亮度等光度量提供这种条件，从而满足视觉功效，提高工作效率。住宅的某些地方，即使是白天，也要使用灯光作为临时辅助照明，一些地方特别要利用灯光美化室内环境，以便取得装饰效果。由此可见，灯光的功能范围是非常广阔的。

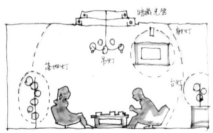
客厅的照明及灯具的布置

餐厅及厨房的照明及灯具的布置

卧室的照明及灯具的布置

家庭装修室内灯光的布局

4.成为室内构图要素

　　室内空间中在各部位设置的灯光，也和建筑构件和配件一样，成为室内的一项构图要素，起着由灯光构图的作用，表现出装饰效果。

　　所谓灯光构图就是利用人工光源的颜色和显色性、灯具的艺术处理、灯光布置方式的图案化来取得装饰效果。特别是灯光的光辉和颜色具有引人注目的表现力，能够控制整个室内空间的光环境，创造出相应的环境气氛。

　　灯具不仅起着透光、控光、保证照明的作用，而且成为室内空间的装饰品，因此它们的造型、尺度、比例、材质以及布置等，都应该适应于建筑构件和配件的构图，两方面相互呼应配合。

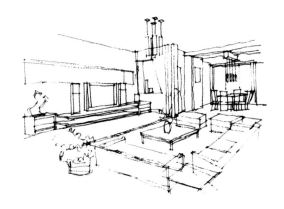

设计师当场手绘完成的客厅设计效果图黑白线条稿

设计师当场手绘完成的客厅设计效果图彩色完成稿

家具、陈设、绿化与空间设计

室内装修和家具陈设是有区别的，家具陈设是对装修的进一步完善，并体现出文化档次，以获得增光添彩的效果。装修有一定的技术性和普遍性，而家具陈设则更高地表现在文化性和个性方面，是装修后的重要升华。

设计师签单实例

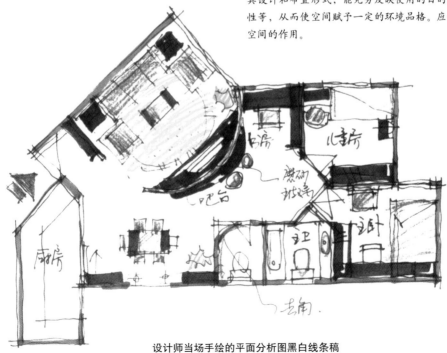

设计师当场手绘的平面分析图黑白线条稿

1.家具在空间设计中的作用

设计师在进行家装室内空间设计时，同时也要考虑好家具的摆放和样式，不能在空间设计完后，再考虑家具。这是因为：家庭装修室内家具的样式和色彩，在很大程度上，决定了整个家装设计的风格；同时，家具的样式和布置也是设计师

完善空间功能，表达空间主题

在家装设计时，室内空间在没有布置和摆放家具前是不完整的，甚至是难于付之使用和难于识别其功能性质的，更谈不上其功能的实际效率。因此，可以这样说，家具是空间实用性质的直接表达者。家具的组织和布置也是空间组织使用的直接体现，是对室内空间组织、使用的再创造。良好的家具设计和布置形式，能充分反映使用的目的、规格、等级、地位以及个人特性等，从而使空间赋予一定的环境品格。应该从这个高度来认识家具对组织空间的作用。

调整和改造空间的主要方法之一。因此，设计师在考虑家具的设计时，要站在整个家庭装修的整体空间调整和改造的角度上来考虑，要在合适的位置，放上合适的家具，而不要牵强附会；让整个空间围绕着家具来设计，以为只要家具设计得漂亮就行了，为了家具而家具。

调整和改造好畸零空间

在设计师进行调整和改造空间时，家具是限定和分隔空间的重要手段，尤其是一些使用不方便的畸零空间。例如，利用壁柜来分隔房间，在餐厅中利用桌椅来分隔用餐区和通道。因此，应该把室内空间分隔和家具结合起来考虑，在可能的条件下，通过家具分隔既可减少墙体的面积，减轻自重，提高空间使用率，并在一定的条件下，还可以通过家具布置的灵活变化达到适应不同功能要求的目的。

此外，某些吊柜的设置具有分隔空间的因素，并对空间作了充分的利用，如开放式厨房，常利用餐桌及其上部的吊柜来分隔空间。

室内交通组织的优劣，全赖于家具布置的得失，布置家具圈内的工作区，或休息谈话区，不宜有交通穿越，因此，家具布置应处理好与出入口的关系。

 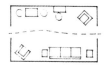 

 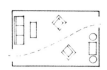

设计师签单实例

这是一个充分利用家具来划分和限定厨房和就餐空间的开放式厨房和餐厅的设计方案。设计师在就餐空间中，居中放置一张舒适大方的餐桌，在空间中很好地限定了就餐空间；而左边的吧台，则巧妙地把厨房和就餐空间分隔开来；沿墙布置的橱柜，充分利用了空间，彰现出空间的机能。

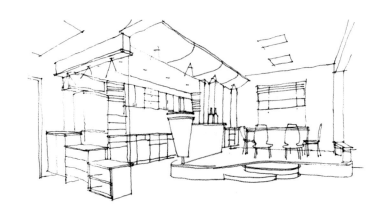

设计师当场手绘完成的餐厅设计效果图黑白线条稿

设计师当场手绘完成的餐厅设计效果图彩色完成稿

营造出空间的情调和氛围

家具是构成家装设计风格的重要因素。由于家具在室内空间所占的比重较大，体量十分突出，因此家具就成为室内空间表现的重要角色。历来人们对家具除了注意其使用功能外，还利用各种艺术手段，通过家具的形象来表达某种思想和涵义。这在古代宫廷家具设计中可见一斑，那些家具已成为封建帝王权力的象征。

从历史上看，对家具纹样的选择、构件的曲直变化、线条的刚柔运用、尺度大小的改变、造型的壮实或柔细、装饰的繁复或简练，除了其他因素外，主要是利用家具的语言，表达一种思想、一种风格、一种情调，造成一种氛围，以适应某种要求和目的，而现代社会流行的怀旧情调的仿古家具、回归自然的乡土家具、崇尚技术形式的抽象家具等，也反映了各种不同思想情绪和某种审美要求。

设计师当场手绘完成的客厅设计效果图彩色完成稿

2.陈设在空间设计中的作用

家庭装修的陈设品(或称摆设)按品种来分，一般有：字画、摄影作品、雕塑、盆景、工艺美术品、玩具、个人收藏品、日用装饰品、织物陈设等；如果按摆放的位置和方式来分，可分为：墙面陈设品、桌面摆设品、落地陈设品、柜橱陈设品、悬挂摆设品等。

在中国传统风格的设计中，常利用字画和盆景，跟家具一起配合，来限定和划分出会客空间。

实际经验也告诉我们，只有摈弃一切非观赏性物件，室内陈设品才能引人注目。只有在简洁明净的室内空间环境中，陈设品的魅力才能充分地展现出来。

设计师当场手绘完成的客厅设计效果图彩色完成稿

家装室内陈设在家装设计中的作用跟家具比较一致，主要是辅助家具起到调整和改造家装室内空间的作用。由于家具在室内常占有重要位置和相当大的体量，因此，陈设围绕家具布置已成为一条普遍规律。一般来说，陈设品的设计和摆放往往是在家装室内空间整体设计完成后才进行的，因此，陈设品主要是结合家具的布置和摆设来进行的，在家装空间的调整和改造时，主要起的是辅助和装饰作用。

其次，需要注意的是：在运用陈设品时，要注意其在表达一定的思想内涵和精神文化方面的作用。陈设品对室内空间形象的发掘、气氛的表达、环境的渲染起着锦上添花、画龙点睛的作用，也是具有完整的家居空间所必不可少的内容。

室内陈设品的大小、形式应与室内空间家具尺度取得良好的比例关系

室内陈设品过大，常使空间显得小而拥挤，过小又可能产生室内空间过于空旷，局部的陈设也是如此。陈设品的形状、形式、线条更应与家具和室内装修取得密切的配合，运用多样统一的美学原则达到和谐的效果。

最后，设计师要注意陈设品本身独特的艺术感染力。陈设品具有视觉上的吸引力和心理上的感染力，它是一种既有观赏价值又能品味的艺术品，如我国传统楹联就是室内陈设品的典型的杰出代表。

设计师在家装室内陈设品的选择和布置时，主要是处理好陈设和家具之间的关系，陈设和陈设之间的关系，以及家具、陈设和空间界面之间的关系。

室内陈设应与室内使用功能相一致

一幅画、一件雕塑、一幅对联，它们的线条、色彩，不仅为了表现本身的题材，也应和空间场所相协调。只有这样才能反映不同的空间特色，形成独特的环境气氛，赋予深刻的文化内涵，而不流于华而不实、千篇一律的境地。

陈设品的色彩、材质也应与家具、装修统一考虑

陈设品的色彩、材质也应与家具、装修统一考虑，形成一个协调的整体。在色彩上可以采取对比的方式以突出重点，或采取调和的方式，使家具和陈设之间、陈设和陈设之间，取得相互呼应、彼此联系的协调效果。

色彩又能起到改变室内气氛、情调的作用。例如，以无彩系处理的室内色调，偏于冷淡，常利用一簇鲜艳的花卉，或一对暖色的灯具，使整个室内气氛活跃起来。

室内陈设浸透着社会文化、地方特色、民族气质、以及个人素养的精神内涵，都会在日常生活中表现出来。如客厅的舒适、卧室的温馨、卫生间的洁净，究其源，无不和室内陈设有关。

设计师当场手绘完成的卧室设计效果图彩色完成稿

设计师当场手绘完成的卧室设计效果图彩色完成稿

陈设品的布置应与家具布置方式紧密配合，形成统一的风格

良好的视觉效果、稳定的平衡关系、空间的对称或非对称、静态或动态、对称平衡或不对称平衡、风格和气氛的严肃、活泼、活跃、雅静等，除了其他因素外，布置方式起到关键性的作用。

3.绿化在空间设计中的作用

在家庭装修设计中，绿化越来越受到人们的喜爱，其在空间设计中的作用也越来越受到重视。

绿化在家装空间调节和改造中的作用跟陈设比较类似，但是却又有自己的特点。

（1）分隔不同空间的作用

以绿化分隔空间的范围是十分广泛的，如在两厅室之间、厅室与走道之间以及在某些大的客厅内需要分隔成小空间的。

对于重要的部位，如正对出入口，起到屏风作用的绿化。分隔的方式大都采用地面分隔方式，如有条件，也可采用悬垂植物由上而下进行空间分隔。

（2）联系引导空间的作用

联系室内外的方法是很多的，如通过铺地由室外延伸到室内，或利用墙面、顶棚或踏步的延伸，也都可以起到联系的作用。但是相比之下，都没有利用绿化更鲜明、更亲切、更自然、更引人注目和喜爱。

绿化在室内的连续布置，从一个空间延伸到另一个空间，特别在空间的转折、过渡、改变方向之处，更能发挥空间的整体效果。绿化布置的连续和延伸，如果有意识地强化其突出、醒目的效果，那么，通过视线的吸引，就起到了暗示和引导作用。

（3）突出空间重点的作用

在大门入口处、楼梯进出口处、交通中心或转折处、走道尽端等，既是交通的要害和关节点，也是空间中的起始点、转折点、中心点、终结点等的重要视觉中心位置，是必须引起人们注意的位置，因此，常放置特别醒目的、富有装饰效果的、甚至名贵的植物或花卉，使起到强化空间、突出重点的作用。

（4）柔化空间、增添生气

树木花卉以其千姿百态的自然姿态、五彩缤纷的色彩、柔软飘逸的神态、生机勃勃的生命，恰巧和冷漠、刻板的金属、玻璃制品及僵硬的建筑几何形体和线条形成强烈的对照。例如，乔木或灌木可以以其柔软的枝叶覆盖室内的大部分空间，蔓藤植物，以其修长的枝条，从这一墙面伸展至另一墙面，或由上而下

使人工的几何形体的室内空间萌生一定的柔化和生气。这是其他任何室内装饰、陈设所不能代替的。

吊垂在墙面、柜、橱、书架上，如一串翡翠般的绿色枝叶装饰着，并改变了室内空间形态；大片的宽叶植物，可以在墙隅、沙发一角，改变着家具设备的轮廓线，从而使人工的几何形体的室内空间萌生一定的柔化和生气。这是其他任何室内装饰、陈设所不能代替的。

（5）美化环境、陶冶情操

绿色植物，不论其形、色、质、味，或其枝干、花叶、果实，所显示出蓬勃向上、充满生机的力量，引人奋发向上，热爱自然，热爱生活。因此，树桩盆景之美与其说是一种造型美，倒不如说是一种生命之美。人们从中可以得到万般启迪，使人更加热爱生命，热爱自然，陶冶情操，净化心灵，和自然共呼吸。

（6）抒发情怀、创造氛围

一定量的植物配置，使室内形成绿化空间，让人们置身于自然环境中，享受自然风光，不论工作、学习、休息，都能心旷神怡，悠然自得。如遍置绿色植物和洁白纯净的兰花，使室内清香四溢，风雅宜人；此外，东西方对不同植物花卉均赋予一定象征和含义，如我国称松、竹、梅为"岁寒三友"，梅、兰、竹、菊为"四君子"。

植物在四季时空变化中形成典型的四时即景：春花，夏绿，秋叶，冬枝，可使室内改变不同情调和气氛。

联系室内外的方法虽很多，但是相比之下，都没有利用绿化更鲜明、更亲切、更自然、更引人注目和喜爱。

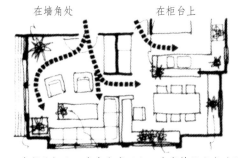

在餐具柜上、在中央桌面上、在窗饰处考虑动线与视线进行配置设计

室内绿化的配置设计

家装室内绿化的布置随着空间位置的不同，绿化的作用和地位也随之变化，可分为：

(1)处于重要地位的中心位置，如客厅中央；

(2)处于较为主要的关键部位，如出入口处；

(3)处于一般的边角地带，如墙边角隅。

设计师应根据不同部位，选好相应的植物品种。

但家装室内绿化通常总是利用室内剩余空间，或

不影响交通的墙边、角隅，并利用悬、吊、壁龛、壁架等方式充分利用空间，尽量少占室内使用面积。同时，某些攀援、藤萝等植物又宜于垂悬以充分展现其风姿。因此，室内绿化的布置，应从平面和垂直两方面进行考虑，使之形成立体的绿色环境。

突出空间重点的作用　　　　　　联系引导空间的作用

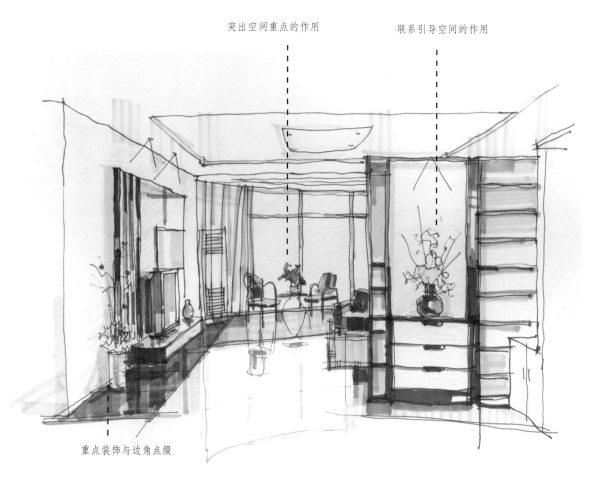

重点装饰与边角点缀

设计师当场手绘完成的客厅设计效果图彩色完成稿

设计师当场手绘完成的客厅设计效果图彩色完成稿

第六章
墙面设计与手绘表达
——方案创意与电视背景墙造型设计

家装方案设计创意的许多方面，最终都要靠造型设计来完成。在造型设计中应用形式美的法则是电视背景墙设计行之有效的方法；此外，逻辑构成有序而丰富多变的特点，也为设计提供了更广阔的途径。

方案设计创意与构成学习

在家装设计中，造型设计能力的培养是非常重要的，家装设计涉及空间、色彩、界面等很多方面，但最终都要落实到造型设计来完成。因此，家装设计首先是一种空间造型设计，学习家装设计首先要学习和掌握好造型设计。一些初学家装设计的设计师面对一个家装设计项目，设计的很多方面如设计计划、方案构思等都很清楚了，但就是在具体落实时往往总是无法下笔，主要原因就是造型设计能力的培养还不够扎实。

学习要点

1. 方案设计创意与构成学习
2. 墙立面设计中的点、线、面
3. 形式美法则与墙立面设计
4. 逻辑构成与墙立面设计
5. 视觉平衡构成与墙立面设计
6. 肌理构成与墙立面设计

虽然家居室内环境有立体空间性质，但三维构思的方案多数是要在二维的建筑界面上实施。所以，家装设计在很大程度上可以说就是几个界面的设计。家装室内空间的设计实际上是通过这几个界面的分隔和限定完成的，其中，最主要的就是墙立面的设计。这些都是在二维平面内进行的设计，只是在这一领域中的平面性设计，必须以室内空间三维构思为出发点，并在指定空间的限制中完成。因此，家装设计师关于平面构成的学习和训练非常重要。

我们已经知道，构成是造型艺术设计的方法之一，简单地讲，构成是一种造型设计的方法，它包括概念元素，视觉元素及关系元素等。构成的概念元素为点、线、面、体；视觉元素则包括形状、色彩、肌理、数量；关系元素则指方向、位置、空间及重心等。构成法则包括整体、比例、平衡、韵律、反复、对比、协调等。学习构成可以培养设计师创造力和基础造型能力，掌握家装设计的基本规律，为家装设计打好基础。

比如墙立面和隔断这些家装设计的重要内容，平面造型的规律可以更加直接地纵横运用。无论是风格迥异的主题墙面设计，还是通透而富于装饰的隔断设计，都具有平面造型设计的性质。怎样从造型的

角度，在艺术的视觉评判下，将背景墙立面的构成元素概括成抽象的点、线、面，并以造型法则来运筹、安排和处理背景墙立面，我们都可以运用构成的原理和方法来轻松完成。

下面我们要重点讨论怎样利用平面构成的原理来设计墙立面，尤其是背景墙立面。

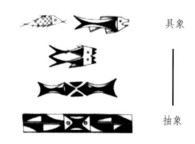

具象

抽象

首先要学会和理解抽象的形态

我们首先要改变我们的欣赏和理解习惯，当我们看到一个图形时，不能总停留在"它像什么"的阶段，而应该上升到"它给我什么感觉"的阶段。其实无论是具象还是抽象的艺术形态，其目的都是一个，那就是给你一种感觉。

我们可以这样理解家装设计

　　家装设计是一种空间造型艺术活动。艺术的眼光、艺术造型的知识和艺术实践的技能是从事家装设计的先决条件。家装设计师需要具有较高的艺术思维能力和造型设计能力，要能够通过家装设计工作为家装客户的居家生活带来美的享受。这些在构成的原理与方法中都不难找到答案。

设计师当场手绘完成的电视背景墙造型设计效果图彩色完成稿

　　在家装设计中，室内空间的形态大都是抽象形态，如墙面、顶棚、地面、梁柱、楼梯等空间造型元素，因此设计师的设计工作主要是利用抽象形态来进行艺术创作的。

墙面分割的比例斟酌可以有效地调节空间感受，地面蜿蜒的线形有着空间引导作用，顶棚上点状的灯光以不同的排列方式营造出空间氛围，楼梯扶手则传达着某种造型的韵律节奏。

设计师当场手绘完成的电视背景墙造型设计效果图彩色完成稿

不同材质的面

点

线　面

某家装墙立面设计的点、线、面分析

墙立面设计中的点、线、面

在家装设计时，墙立面造型之所以能被人感知，正是因为它们具有不同的形状、色彩和材质，这些视觉元素我们称之为形态要素。在造型中，形态要素转化为造型要素的形、色、质，为了研究的方便，形又被进一步分解为点、线、面、体，成为更基础的造型要素。

在墙立面设计中，点、线、面是造型的

设计师当场手绘完成的电视背景墙造型设计效果图彩色完成稿

基础，可以说任何平面造型都是点、线、面的具体组织与再现。从形态特征上看，可具象也可抽象，从形状定义上看，点、线、面在一定的关系比较之中界定。同一个形在某画面关系比照相对较小，就会给人以点的概念，将其放在另一画面之中，如果关系比照相对较大，就会给人以面的感觉，因此点、线、面具有相对的意义。

1.墙立面设计与点的构成

点即相对比较小而集中的形。点有集中视线，紧缩空间，引起注意的功能。在造型活动中，点常用来表现强调和节奏。

点犹如音乐中的短促鼓点，像美妙的钢琴弹奏，以内在而简洁的力量撞击艺术家的心灵，从而激发出富于乐感的作品。

①点的空间位置：

空间居中的一点引起视知觉稳定集中的注意。如果点的位置上移，将产生向下跌落感。当点的位置如果移到上方的一侧，不安感更加强烈。当点移至下方中点，会产生踏实的安定感。点移至左下或右下时，便会在踏实安定之中增加动感。点在画面中有平衡构图的重要意义，以点形成画面中心是常用的造型手法。

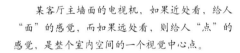

某客厅主墙面的电视机，如果近处看，给人"面"的感觉，而如果远处看，则给人"点"的感觉，是整个室内空间的一个视觉中心点。

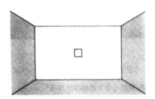

主墙面的电视机

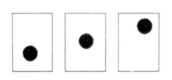

点的位置不同，给人的稳定感觉不同

②点与点的关系：

较近距离放置的两个点，由于张力产生线的感觉。较小的点易于被大的点吸引，使视觉产生由小向大的移动感。点的横向有序排列、产生连续和间断的节奏和横向扩散效果。近距离散置的点引起面的感觉，产生形的联想，肌理的联想。点的放置距离越大越易分离，产生散的效果。点的近距离放置易于产生聚的效果。画面中点的有序配置有助于增强节奏感。点的遥相呼应能有效地引导视线，加强画面的整体感。

③点的空间变化：

由大到小渐变排列的点，产生由强到弱的运动感，同时产生空间深远感，能加强空间变化。大小不同的点自由放置，也能产生远近的空间效果。

视觉产生由小到大的移动感　　　　点的节奏和扩散

点的方向

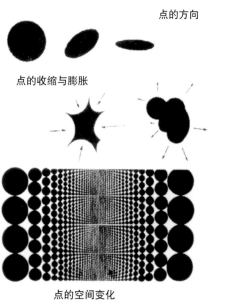

点的收缩与膨胀

点的空间变化

卧室中背景墙上的点，以及地面坐垫所形成的点，形成跳动的音符。

卧室中的点

正确理解在家装室内设计中点、线、面的相对性意义很大。如在某客厅墙面挂一排画来进行装饰，如果单独只看墙面小范围时，我们可以理解为画是一个面；而如果从整个空间整体看时，又可以理解为一排点。点的位置不同，给人的稳定感觉不同，视觉产生由小到大的移动感。

设计师当场手绘完成的餐厅背景墙造型设计效果图彩色完成稿

在家装墙立面设计中，点一般都是以墙面挂画或结合家具来布置装饰品的形式出现的。这时，我们可以充分利用平面构成中点的各种性质和变化，来设计出引人注目的各种墙立面效果。

在这个客厅设计方案中，设计师在多处运用了点的构成来设计墙立面。如右边墙面上的装饰画，在墙面中形成视觉中心；右边墙上的三幅装饰画，以及顶棚上的灯具布置，具有强烈的节奏感，同时也引导视线向电视背景墙。电视背景墙是客厅的装饰重点，在简洁的背景上，设计师利用较大体量的电视，形成一个稳定的视觉中心点，吸引人们的注意。

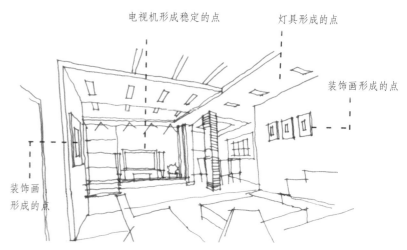

电视机形成稳定的点　　　灯具形成的点

装饰画形成的点

装饰画形成的点

设计师当场手绘完成的客厅背景墙造型设计效果图黑白线条稿

设计师当场手绘完成的客厅背景墙造型设计效果图彩色完成稿

2.墙立面设计与线的构成

线即相对细长的形。线有位置、长度和方向，线有各种形状并各具特点。从造型意义上看，线是最富个性和活力的要素。线有宽窄、长短的不同，也有方向及韵律感。不同的线给人不同的感觉。在平面造型中，线被广泛地用于表现形体结构，不同线型自身的变化，以及线的多种组织方法，赋予作品多样化的艺术风格。

①直线：

直线给人以紧张和力度的感觉，富有男性性格的情感特征。

②曲线：

曲线使人感到优美、轻快、柔和，富于旋律感，从生理和心理角度看，曲线有女性感。

③线的排列：

线有疏密变化地排列产生空间感，密则远、疏则近。线的紧密排列产生面的感觉，曲线和折线反复使用，可造成凹凸的画面效果。线赋予造型更多的音乐感，中国古代以"丝竹"来称谓，形象而又贴切。线的交织有如乐声的共鸣，使画面的表现力得到充分发挥。

线的形状

线是最富个性和活力的要素，不同的线给人不同的感觉。

线的粗细

家装设计中的直线

水平线的观感是：平稳、安定、广阔、无垠。水平线的组织产生横向扩张感。

垂直线：垂直线给视觉以直接、明确的印象，最重要的特性是强烈的上升与下落趋势。

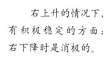

斜线：斜线的势态造成不安全感。同时产生斜向上升或下降的动感。斜线不同方向的势态，具有不同的性格表征。

右上升的情况下，有积极稳定的方面；右下降时是消极的。

方向渐变的线富于空间韵律感

线的疏密产生空间感

平行排列的线产生面和体的感觉

中部有隆起的感觉

中部有下落的感觉

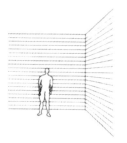

强调横线就宽

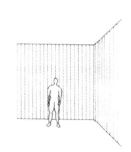

强调竖线就高

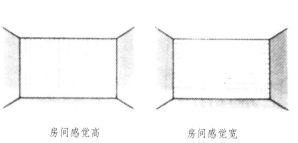

房间感觉高

房间感觉宽

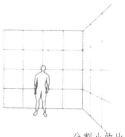

分割小的比大的显得宽敞

坚定牢固、端正的紧张感。

　　具有跃动感和柔软的节奏感，两端下降时，出现安定感。

　　具有跃动和机械的节奏感，两端下降时，由于端部成钝角，故出现安定感。

　　具有跃动感和柔软的节奏感，两端朝上时，出现紧张感。

　　具有跃动和机械的节奏感，两端上升时，由于端部成锐角，故出现紧张感。

线的形状给人的感觉

家装设计中的线的应用

在墙立面设计中，线是最常用的设计元素，往往都是结合墙面背景来设计的。如图中的餐厅背景墙面，利用搁板形成横向的三道直线条，干净利落，充满节奏感；再利用搁板上的点形的装饰品来点缀一下，产生一个对比，使得简单的墙面立刻形成视觉的中心，很好地限定了就餐空间。

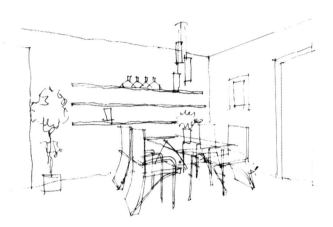

设计师当场手绘完成的餐厅设计效果图黑白线条稿

设计师当场手绘完成的餐厅设计效果图彩色完成稿

3.墙立面设计与面的构成

平面造型中的面，总是以形的特征再现，因此，我们总是把一个具体的面称做形。

①面的形式：

以面的形成因素为参照，形可分为几何形和任意形。任意形具不定性和偶然性，因而也叫偶然形或有机形。有机形往往富于自然魅力和人情味，表现手法自由多变，所以有很强的表现力。几何形总体上带有理性的严谨和明确，同时也有一种机械的冷漠感，易于表达抽象的概念，如圆形、四边形、三角形。

①圆形：圆形有饱满的视觉效果，具有圆因素的形，具有运动、和谐、柔美的观感。

②四边形：四边形由四条边组成正方形、矩形、平行四边形、梯形等。矩形具有单纯而明确的特征，平行四边形有运动趋向，梯形是十分稳定的结构，正方形具有稳定的扩张感。

③三角形：三角形以三边和三角为构成特点。三角形具有简洁明确，向空间挑战的个性。正三角形平稳安定，倒三角形极不安定，呈现动态的扩张和幻想状态。

非几何图形

几何图形

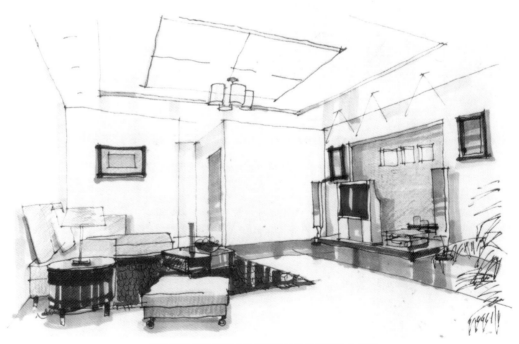

设计师当场手绘完成的客厅设计效果图彩色完成稿

②面的性质：

以面自身的虚、实因素为参照，可将面分作积极的面和消极的面。

积极的面所构成的电视背景墙立面

消极的面所构成的电视背景墙立面

积极的面：以封闭的实体为特征的面为积极的面。积极的面既有明确的外形轮廓，又有统一充实的内部面形，因而画面明确且富于力度。

消极的面：内部面形不充实，或外轮廓未封闭的面均为消极的面。

点和线的平面聚集、组织均可产生消极的面。有趋合倾向而非完全封闭的图形也是消极的面。消极的面有发散和开放的性质，因而在造型上有着转化的更大可能性。

点的排列构成面

正方形的面

设计师当场手绘完成的客厅设计效果图黑白线条稿

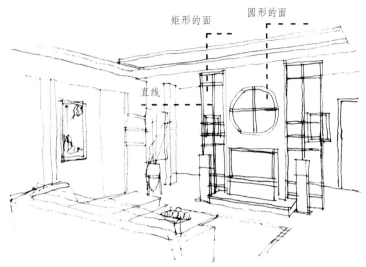

矩形的面　　　圆形的面

直线

设计师当场手绘完成的客厅设计效果图黑白线条稿

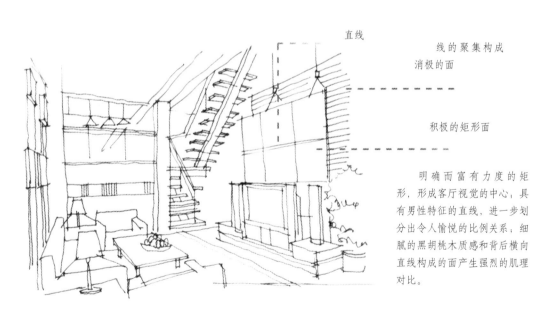

直线

线的聚集构成
消极的面

积极的矩形面

　　明确而富有力度的矩形，形成客厅视觉的中心；具有男性特征的直线，进一步划分出令人愉悦的比例关系；细腻的黑胡桃木质感和背后横向直线构成的面产生强烈的肌理对比。

设计师当场手绘完成的客厅设计效果图黑白线条稿

设计师当场手绘完成的客厅设计效果图彩色完成稿

形式美法则与墙立面设计

在墙立面设计中，由室内空间构成因素所形成的点、线、面是完成造型的基本条件，但仅此还无法完成造型创作。要形成美而有视觉冲击力的设计，必须以造型法则巧妙地组合这些要素。设计的美感在很大程度上取决于造型法则指导下形、色、质的有机组合。造型法则反映了形态美的内在规律，是创造美好形态的行之有效的方法。因此，在墙立面设计过程中学会运用造型法则是十分重要的。

1.稳定性与墙立面设计

宇宙中万物均在不停地运动变化，然而它们又具有相对的稳定性。处于"动态平衡"之中。造型的稳定性给人以安定、协调感，反之则给人以不安定、紧张感。稳定性满足人的生理和心理需求，因而具有普遍的审美意义。稳定性表现在诸造型要素(形、色、质等)的平衡意识上。这里指的并非物理学的平衡，而是从视知觉出发，产生感应的力的平衡状态。平衡的形式分为两大类：对称平衡与非对称平衡。

对称平衡与非对称平衡的区别，有如天平与秤的区别。

①对称平衡：

在基本的造型能力中，平衡的感觉非常重要，平衡感觉正是构造图形所需要的基本能力。

对称就是一种绝对的均衡——静态均衡，它将等同的要素以一个点为中心，或以一条线、几条线为轴均衡地布置，是造型要素中一种较为普遍的组合方式。

利用对称方法，可以唤起人们的神圣、完美、纪律、秩序、壮丽、高尚、权利和纪念等感觉。总之，对称容易吸引人的注意力，使视线停留在其中位置，它的安全感、统一感和静态感比较强，可以突出主体，加强重点，给人以庄重或宁静感。

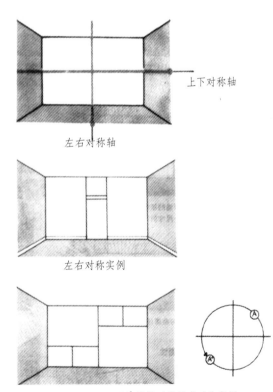

上下对称轴

左右对称轴

左右对称实例

180°旋转对称的逆对称实例

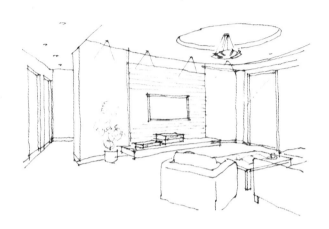

设计师当场手绘完成的客厅设计效果图黑白线条稿

设计师当场手绘完成的客厅设计效果图彩色完成稿

②非对称平衡

非对称平衡（也叫均衡）着重视觉和心理体验，以相应部位的不等形、不等量为基本特征，是一种动态平衡。均衡是处理形式重量感的手段，物体在组合中各部分吸引人们注意的程度有轻有重，处理这种轻重关系使其达到视觉上的安定就能得到均衡的效果。

形体的均衡感往往只取决于外形所产生的重量感，但造型中的平衡应该就形状、色彩、肌理等全面权衡。

在均衡造型中所产生的紧张感是使人感觉到美的关键，对这种紧张感的重视是现代造型的特征之一。

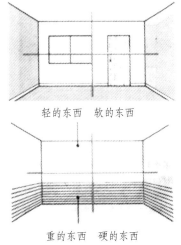

轻的东西　软的东西

重的东西　硬的东西

以对称轴为中心的对称

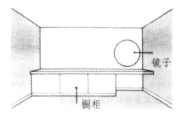

镜子

橱柜

重量感的非对称平衡

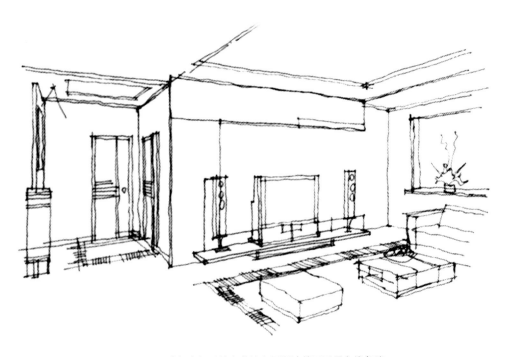

设计师当场手绘完成的客厅设计效果图黑白线条稿

总之，对称是一种静的平衡，是力和重心矛盾统一的相对稳定状况。对称有着严谨的数理比例美，易于产生安定、庄严、平衡、和谐的效果，但具有相对机械的比例关系。非对称平衡则是一种动态的平衡，在量的变化中寻求的稳定，这是一种富于运动的变化之美与意匠之美。

设计师当场手绘完成的客厅设计效果图彩色完成稿

这几幅手绘效果图都是利用非对称平衡的方法来设计电视背景墙立面的实例。不同的材料、不同的形状、不同的色彩所产生的另一种平衡关系，使立面产生一种紧张感，从而使人得到一种美的升华。

设计师当场手绘完成的餐厅设计效果图彩色完成稿

2.秩序性与墙立面设计

在造型领域中，"秩序"有举足轻重的意义。我们的视知觉总是偏爱那些简单的结构，明确的几何形及其他简单秩序。毫无疑问，简洁源于秩序并因此而显示美感。造型要素的规律性组织编排则以整体的秩序打动视知觉。

秩序是怎么产生的？秩序的产生以不受干扰为前提。在一片杂草丛生的草地上，我们的视线很容易被环状排列的蘑菇所吸引。这说明混乱与秩序之间的对照唤起了我们的视知觉。在设计中，我们常通过平衡、比例、节奏、协调和对比等手法，在迷乱中建立秩序，从而发掘明确的形象特征。

任何物体，不论呈何种形状，都必然存在着三个方向长、宽、高的度量。比例研究的就是这三个方向度量之间的关系问题，所谓推敲比例，就是指通过反复比较而寻求出这三者之间最理想的比率关系。

一切造型艺术，都存在着比例是否和谐的问题，和谐的比例可以引起人的美感。然而，怎样才能获得美的比例呢？但得出的结论却是众说纷纭，对于长方形的比较，人们发现其比率应是1∶1.618，这就是著名的"黄金分割"。

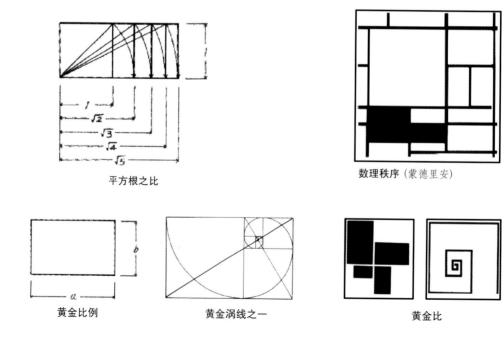

平方根之比

数理秩序（蒙德里安）

黄金比例   黄金涡线之一   黄金比

这是设计师当场手绘完成的吧台及客厅墙立面设计效果图。在墙立面设计时，设计师很好地处理了各种直线和曲线的比例，以及各种材料所构成的面的长宽和大小比例，使得墙面形成一种丰富而又和谐的美感。

完美的比例，适当的尺度差是结构美的造型基础。运用几何语言和数比词汇易于表现现代的抽象形式美。对比例与尺度的敏感与把握，往往体现设计者水平与修养的高低。古人常用"增之一分则太肥，减之一分则太瘦"来形容绝代佳人。这一方面说明美与不美往往差在分毫之间，另一方面阐明了尺度对于美的重要性。

设计师当场手绘完成的客厅墙立面设计效果图彩色完成稿

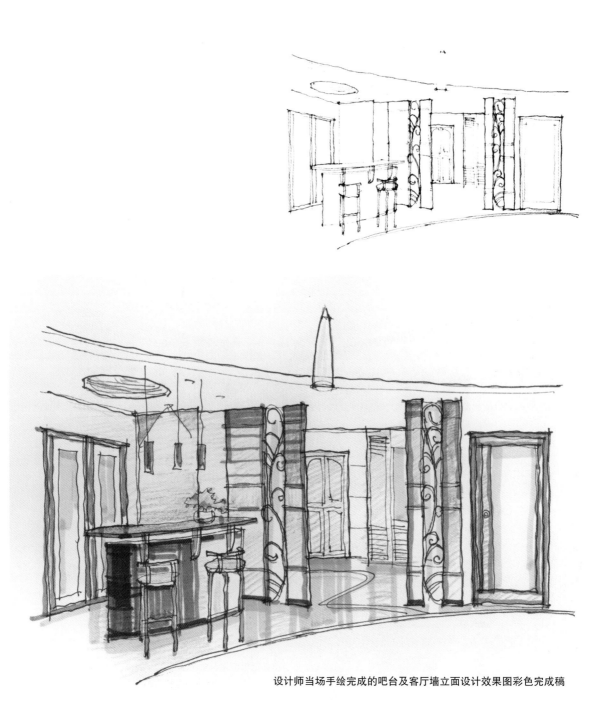

设计师当场手绘完成的吧台及客厅墙立面设计效果图彩色完成稿

3.律动性与墙立面设计

造型艺术的律动性，表现在类似"乐音运动形式"的形态结构上。

音乐是通过乐音的组织而形成的表演艺术，乐音的规律性运动，产生旋律，而各音的时值与强弱不同形成节奏。音乐的美感便是从节奏与旋律中产生的。在造型活动中我们常借用音乐的这些概念，探讨造型艺术的时空关系，以及动态美感。节奏只是交替出现的有规律的强弱、长短现象。大千世界中屡见不鲜，大海的潮涨潮落、山脉的层叠起伏、蜿蜒的阶梯、人的跑步走路、悠扬的钟声等。但并非所有节奏都能产生旋律，旋律要有情感因素，要有富于变化而又统一的节奏和总体的和谐。

①韵律：

韵律是指静态形式在视觉上所引起的律动效果，是具有条理性、重复性和连续性为特征的美的形式。

爱好节奏和谐之类的美的形式是人类生来就有的自然倾向。韵律的表现是表达动能感觉的造型方法之一。

韵律的本质乃是反复，在同一个要素反复出现的时候，正如心脏的搏动一样，会形成运动的感觉，使画面充满着生机。在一些凌乱散漫的东西中加上韵律感时，将会产生一种秩序感，并由此种秩序在感觉与动态之中萌生了生命感。

点与线的节奏

律动

楼梯中点和线的韵律节奏

②节奏：

如同音乐的和音、特征的重复、点的调和、线面块体形比例质地和色彩的反复，都存在着节奏。所谓"节奏"，就像音乐节拍一样以其本身作特定的规律性的可高可低、可强可弱、可长可短的重复运动，但它也存在于不规则的连续的自由流动的运动中。伟大的力量蕴藏于任何有节奏的东西里。

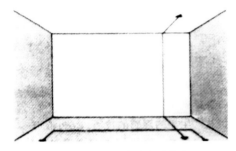

形状或色彩上逐层变化的结果

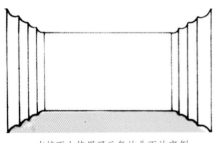

在墙面上使用了反复的曲面的实例

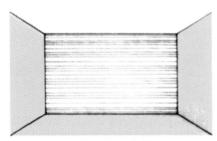

使用条纹装饰的实例

家装设计中墙面的律动和节奏

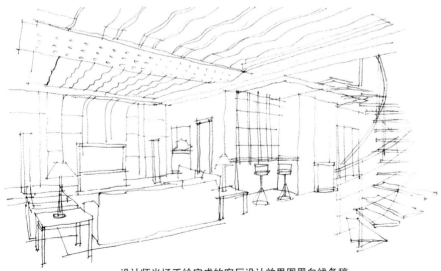

设计师当场手绘完成的客厅设计效果图黑白线条稿

韵律和节奏在造型中主要是通过形、色彩或肌理的反复重叠、连续而有规律的变化来体现的。要素的交替重叠、有规律的变化能够引导人的视觉运动方向，控制视觉感受的规律变化，给人的心理造成一定的节奏感受，进而产生一定的情感活动。造型要素的重复、渐变、突变可以给人以明快的节奏感。

设计师当场手绘完成的客厅设计效果图彩色完成稿

4.变化与统一与墙立面设计

我们的视觉之所以能识别千变万化的形态，都要依靠对比关系的存在。对比包含着相互对立、相互抗争以及变化等等因素，这些因素能引起视觉的注目并进而使神经感到振奋。

在家装设计中，线、方向、形状、空间距离、材料肌理、明暗以及色彩等方面的美的对比，都能使我们视觉兴奋，将这种兴奋感应用在造成对比或变化的效果时，就能引起我们的兴趣。

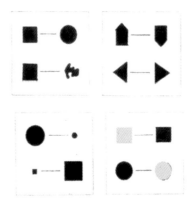

图形的对比

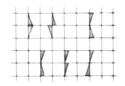

采用大小相同而形状不同的瓷砖变化的实例

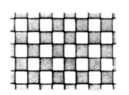

深浅不同的颜色统一地镶贴地面实例

家装设计中墙面和地面的对比

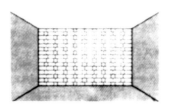

大小不同的瓷砖统一镶贴，对比与调和的实例。

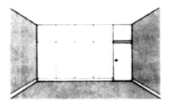

在统一的接缝划分中对墙和门给予适当的变化。

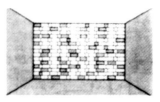

有些地方表现出凹凸，或者改变颜色、这是变化的实例。

所谓对比就是使性质相反的要素产生对比，进而达到紧张的目的，这种对比的效果是给人带来愉快感受的根源。

设计师当场手绘完成的餐厅设计效果图彩色完成稿

这是一个运用对比的方法做客厅墙立面设计的实例。

对比是指要素之间具有相异关系和相反的性格。对比具有很强的视觉冲击力，易于使人产生兴奋效应。对比可以是多方面的，如尺寸的对比、形状的对比、色彩的对比、位置的对比、肌理的对比等。该实例设计师采用的是材料对比的方法，质密的深色胡桃木和浅色的镜面玻璃产生强烈的虚实对比，再加上玻璃上深色的勾缝与胡桃木上浅色的勾缝所产生的深浅对比，都给人一种强烈的视觉冲击，形成视觉焦点。

设计师当场手绘完成的客厅设计效果图彩色完成稿

不是一切对比都令人感到悦目的，对比应建立在恰当的秩序上，才能避免陷于混乱。在人类生存的各个方面，人们都在寻求统一。秩序要求统一，这是人类永恒的愿望。在视觉表现方面，则意味着将对比置于美的秩序之中，这就是我们常常谈到的和谐。

在家装设计墙立面时，过分杂乱的物像使知觉系统负荷过重，而难于被接受。但是，千篇一律的单调物像，虽易感知，却难以引起注意，唤起愉悦。因此我们在设计时常常会偏爱那些既有整体观感，又富于变化多样统一的式样，这就是所谓在对比中的调合，这也许是墙立面设计的普遍规律。

图形设计中的对比与调和

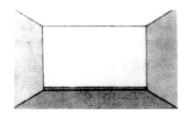

在地面、踢脚板、墙以及顶棚上用同样深浅的颜色来完成的实例。

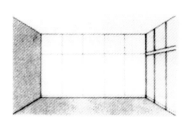

在正面墙的接缝划分和右侧窗框划分上，用了同一尺寸的例子。

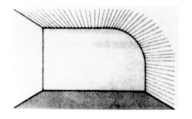

直面与曲面组合实例。

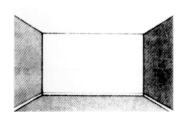

色彩的浓淡、不同材料组合的实例。

家装设计中的变化与统一应用

在调和统一的关系中，通常要充分研究调性，即主调的存在。通过主调来控制变化，"变化"与"统一"保持有机性，呈现充满生机的状况，这样我们才能获得高层次的审美快感，即美学上的所谓"多样的统一"。

在该实例中，设计师设计了醒目的展示柜使得墙面变得丰富而有变化；同时，再通过运用横向的线条，把立面统一起来，使得墙立面在变化中不失统一。

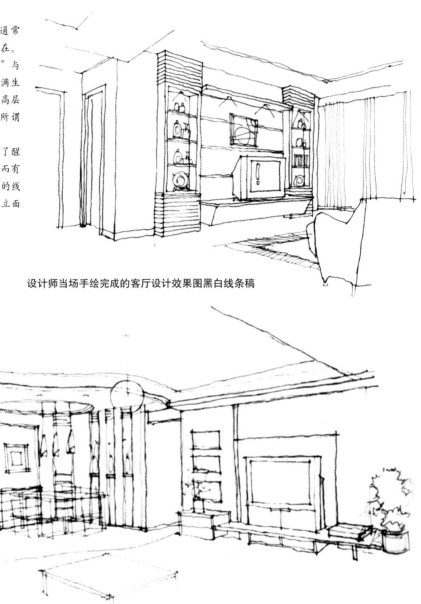

设计师当场手绘完成的客厅设计效果图黑白线条稿

设计师当场手绘完成的客厅设计效果图黑白线条稿

在处理对比与统一的关系中，如果主调不占优势或受到破坏，我们就会从视觉到心理感觉混乱，导致破碎的局面。因此，对比无疑是导致愉悦感的重要因素。但是各种造型要素如果全是各自为政的话，那么整体看来，便无法获得高层次的美感，此时，需要某种足以统一全局的东西。

在该实例中，尽管设计师运用了各种造型和色彩的对比手法造成了丰富的变化，但是仍然注意了主调的处理，即在造型上统一用矩形的大小和长宽变化来进行协调和统一，从而使整个墙面设计既有变化但却不混乱，充满美感。

设计师当场手绘完成的客厅设计效果图彩色完成稿

逻辑构成与墙立面设计

逻辑构成，就是首先对构成的基本要素加以理性分析，然后依一定的数学、逻辑原则排列、组合，创造新的构成形式。这是一种以有限的要素创造无限结合的方法。在家装设计时，运用数理逻辑构思可以拓宽思路，有效地提高设计水平，同时赋予设计现代的理性特征。其有序而丰富多变的特点，为设计提供了优选的可能。同时，在运用形象思维的同时，加强数理逻辑思维的训练，是培养创造力提高设计水平的有效途径。

逻辑构成的构成要素由两部分组成，即基本形和骨骼。逻辑构成的规律性，包括重复、近似、渐变、发射、变异等。逻辑构成便于利用现代科技手段和新材料。在设计方面有广阔的用途。

1.重复构成与墙立面设计

重复是指一个形态连续地、有规律地出现。重复构成是由重复的基本形和重复的骨骼所构成，是利用形的一致性和组合编排的差异性求得变化和统一。

重复是指在同一画面上同样的造型重复出现的构成方式。重复无疑会加深印象，使主题强化，也是最富秩序和统一观感的手法。

什么是基本形？如果构成设计是由一个或一组重复的形或有联系的形所构成，这些形就称基本形，如下图中的圆形。

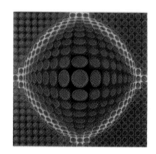

简单的圆形在骨骼的组织下，经过重复和渐变，构成具有立体空间感的效果。

什么是骨骼？这是指平面构成中用以支配、编排、管辖构成的秩序的组织形式或模式。骨骼分为规律性的和非规律性的两种类型。如上图中圆形所形成的骨骼。

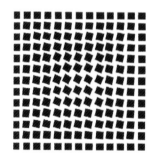

重复构成

简单方形的重复和规律性骨骼的重复构成，给人以统一、严谨的观感；注意在中心部分的一些变化，避免了呆板，带来丰富的观感。

规律性的骨骼是以严谨的数学方式构成的，它包括重复、渐变、发射等骨骼构成形式，具有连续性和编排性。非规律性骨骼，即自由性骨骼构成活泼多变，具有极大的随意性。

在下图的实例中，设计师仅仅运用规律性的骨骼构成，就打造了一个气派的电视背景墙立面。

设计师当场手绘完成的客厅设计效果图彩色完成稿

电视背景墙通过直线划分出的矩形重复构成，对称排列，形成视觉中心。

设计师当场手绘完成的客厅设计效果图彩色完成稿

2.近似构成与墙立面设计

近似形状有明显的统一性，又具有小异之处，这就是形的近似变化。由于在规律前提下适度的变异，使近似的形态具天然和谐的优势，有统一协调的观感。取得近似的要点是"求大同，存小异。"使大部分因素相同，小部分相宜，方能取得既统一又富于变化的观感。

平面设计中的近似构成

在规律的骨骼下，近似的基本形重复构成，既统一又富于变化。

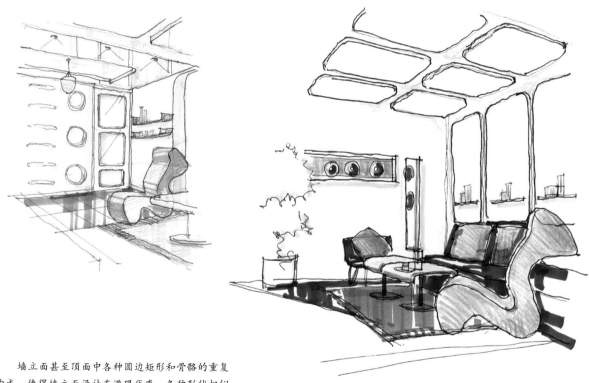

墙立面甚至顶面中各种圆边矩形和骨骼的重复构成，使得墙立面设计充满现代感，各种形状相似圆形的大小变化也为立面设计增添了丰富的变化。

设计师当场手绘完成的客厅设计效果图彩色完成稿

3.渐变构成与墙立面设计

渐变是指遵循着一定的规律逐渐、循序地进行变化。渐变是指基本形或骨骼循着某一方向，按一定的比率，作规律性的渐次变动。渐变有严格的规律性，它的结构富于动感，以节奏韵律和自然取胜。

渐变构成

菱形按照有规律的骨骼逐渐从左上角向右下角变化，构成具有律动感的观感。

矩形沿横向逐渐渐变，构成具有节律性动感的电视背景墙立面。

设计师当场手绘完成的客厅设计效果图彩色完成稿

4.发射构成与墙立面设计

发射可以说是一种特殊的重复和变化。发射构成是基本形或骨骼单位环绕一个或几个中心点由中心集中或由中心向四周扩散的构成。发射具有多方的对称性，有非常强烈的焦点，而焦点易于形成视觉中心，发射能产生视觉的光效应。

渐变与发射构成

设计师当场手绘完成的客厅设计效果图

5.变异构成与墙立面设计

　　变异是规律的突破和秩序的局部对比。在整体规律中，一小部分与整体相对立，又不失相互联系，这一小部分就是变异。变异部分总能形成视觉中心，引起注意。

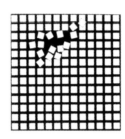

变异构成

　　方形的基本形按有规律的骨骼排列，在内部局部作一些变异的变化，形成视觉中心。

设计师当场手绘完成的客厅设计效果图黑白线条稿

设计师当场手绘完成的客厅设计效果图彩色完成稿

视觉平衡构成与墙立面设计

设计师在进行电视背景墙立面设计时，有时需要利用视觉平衡原理，创造形态与空间的组合，这就是视觉的平衡构成。平衡构成，由于不具备严谨的数理关系，只能以视觉判断为标准，视觉判断的相对性给画面构成带来较大的难度。设计平衡构成，首先要了解视觉认知的规律性，提高视觉判断力。

1.对比构成与墙立面设计

对比构成，是不以骨骼线为限制而依据形态本身的大小、疏密、方圆、简繁、虚实、形状、色彩和肌理等对比因素进行的构成。

镜面玻璃和柜体的虚实对比，以及红色和绿色的互补对比，通过对比构成，形成视觉中心。

设计师当场手绘完成的客厅设计效果图彩色完成稿

平衡构成还需综合运用造型美法则，创造形态与空间的完美组合。因此，设计师必须积极地利用框架内的有限空间配置形象，构建均衡的力场，因此视觉判断是至关重要的。

设计师当场手绘完成的客厅设计效果图彩色完成稿

　　这是应用对比构成来设计电视背景墙立面的实例。密集的小圆形和小矩形分割的对比，几种不同材质组合的肌理对比，形成丰富多彩而又统一协调的视觉中心。

2.结集构成与墙立面设计

结集是对比的一种特殊形式。其基本形数量众多，排列方式有疏有密，这种构成方式叫结集。

结集构成

家装设计墙立面中的结集构成

横向直线的密集排列，通过结集构成，形成视觉中心。

设计师当场手绘完成的客厅设计效果图彩色完成稿

肌理构成与墙立面设计

肌理，又称纹理或物肌，是指物质形态表面的各种视觉特征。肌理是一种"质感"，是由物象表面的组织结构特点形成的。肌理给人的感受来自于两个方面，视觉的和触觉的。

肌理给人的感受大多是通过视觉来表达的。肌理的美感，在对比中得到加强。肌理对比是现代设计常用的手法。在单一的色调中，在简洁的样式中，肌理美往往独具魅力，肌理材质的新开拓，往往成为时尚的标志。可以想象，沙滩上的一只手表会显得格外精致。

设计师们或直接模拟其形应用于设计方案，或是从其美的形式和生态机能中激发设计灵感。肌理美在现代材料与技术的发展中不断丰富，乐于应用新材料、敢于尝试新技法是设计师良好的艺术素质的体现。

下图是设计师应用肌理构成设计电视背景墙的实例。设计师应用横向的线条密集排列，构成一种新的肌理；这种肌理跟细腻的墙面形成一种对比，给人以视觉的美感。

设计师当场手绘完成的卧室设计效果图彩色完成稿

第七章
色彩搭配与手绘表达
——家装方案与色彩创意的快速表达

室内色彩设计的根本问题是配色问题。色彩效果取决于不同颜色之间的相互关系，因此如何处理好色彩之间的协调关系，就成为配色的关键问题。只有不恰当的配色，而没有不可用的颜色。

在设计师签单时所进行的家装设计中，也许色彩是最为有效而又难以把握的。一张设计师签单高手快速手绘表达的设计方案，色彩是最能吸引和打动家装客户签单的；另一方面，如果色彩处理不好，也是最易"赶跑"家装客户的。

在家庭装修时，家装色彩主要是通过装修材料来实现的。面对家庭装修各式各样的材料和错综复杂的色彩关系，关键是要处理好各种装修材料的颜色和质感的搭配。

色彩现象是发生在人的视觉和人们心理过程的。关于色彩的相互关系、色彩的偏爱等许多问题，人们至今还不能得到真

学习要点

1.快速掌握家装色彩搭配的基本规律
2.按季节的色彩关系配色
3.按照家装室内装饰风格特点来配色
4.快乐家装色彩设计常用技巧

正的解决。就美学观点的评判而言，色彩是比较难以把握的，它的"技术性"很强。尽管如此，我们还是应该找出一个统一的解决方法，这就是我们这一章所要讲述的方法，比如：按色彩的季节来搭配、按传统的风格特点来配色等。这些方法以生活实践的知识为基础，非常简单宜用。

家装色彩是通过装修材料的搭配来实现的

家装室内设计中的色彩并非画家调色盘中的颜料，而是通过各种物质材料表现出来的。

掌握家装色彩搭配的基本规律

在家庭装修时，无论是墙面、地面材料的选择，还是家具、装饰品甚至是窗帘的选择都离不开色彩。为什么有的家装设计尽管花费很少，即使很简单，但是却很有特点，非常吸引人。我们会发现，在这里，色彩设计起了很大的作用。尽管我们每个人都有自己心仪和喜爱的颜色，但是，在家庭装修时，面对色彩，即使那些从业多年的设计师也不能做到游刃有余，难免会犯配色的错误。对于家装设计师来说，掌握好家装配色的知识和技巧非常重要。

家庭装修的色彩设计是为家装空间环境的设计服务的，因此，设计师在进行家装色彩设计时，首先要掌握家装色彩的特性及特点（尤其是其心理感知特性），运用好色彩设计的原则和规律，调整和改造好原有的建筑空间，使其更加舒适。

其次，设计师在进行家装色彩设计时，要注意整体家装空间色彩个性和色调的选择。不同色彩为不同性格的人所青睐，从某种意义上讲，色彩是人性格的折射，这是设计师很难改变的。同样，色调是人们对一个家装色彩设计的总的看法和感觉，这也是家装设计师所无法改变

的。家装客户需要什么样的风格，希望一种什么样的品位，就应该选择一种合适的色调。

接下来，要实现这样一种色调，设计师就要去追求一种色彩的协调、统一。这种色彩的协调和统一，并不是材料或色相的简单堆砌，而是在色彩感觉上的协调和统一。一般来说，具有相同色相或相近色相的颜色容易协调；但是，如果搭配运用得好，即使那些色相相对的颜色同样也能产生协调的感觉。

在家庭装修的色彩设计中，协调是第一位的，只有在协调的基础上，才能追求一些变化，以求达到丰富和有趣。这种变化就是对比，如色相的对比、明度或纯度的对比、面积或形状的对比、肌理的对比等；要注意的是不要忽视材料的质感所带来的艺术效果，有时可能色彩比较单调，但仅仅是在材料质感上作一些变化，就会产生出人意料的效果。

最后我们还要注意要动态地去理解色彩，有时在我们单纯考虑地面墙体的颜色时可能会觉得色彩很单调，但是，这可能是因为家具、装饰品等还没有摆放好。

关于家庭装修色彩的搭配，我们主要掌握下面的两个规律和方法就可以了。

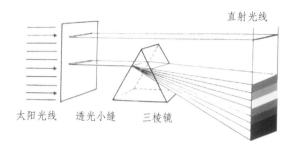

太阳光线　　透光小缝　　三棱镜

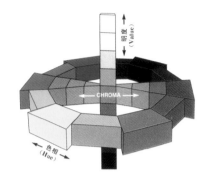

色彩的来源

牛顿将太阳光透过三棱镜，于是便出现一条七色光带，这就是太阳光谱。

色彩的三属性和色立体

色相是色彩所具有的属性，说明色彩所呈现的相貌。如红、橙、黄、绿等，常以循环的色相环表示，位于色环直径两端的色为互补关系。

明度说明色彩的相对的明度或暗度。任何色相都有各自的明度特征。

色彩的鲜艳程度叫纯度或彩度，就是色彩中色素的饱和程度。不同的色相不但明度不同，纯度也不同。

色彩的这种关系可以用色立体来表示。

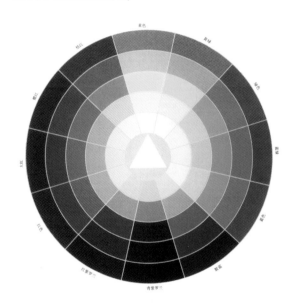

表示颜色的色相环

这是用来表示颜色的色相环，图中每格色彩的名称，表示色相。内圈色彩比外圈的明度高，浅色的比深色的明度高；红、黄、蓝色的纯度高，其他色彩的纯度都不同程度地降低。

相邻位置的颜色容易协调，是调和色，而相对位置的颜色对比强烈，是对比色。

色彩的尺度感

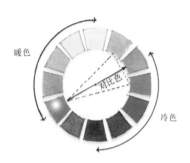

暖色

对比色

冷色

色彩的感知作用，对于室内环境气氛的营造有着直接且重要的影响。色彩在心理上的物理效应，如冷热、远近、轻重、大小等感情刺激，如兴奋、消沉、开朗、抑郁、动乱、镇静等；象征意象，如庄严、轻快、刚、柔、富丽、简朴等，被人们像魔法一样地用来创造心理空间，表现内心情绪，反映思想感情。

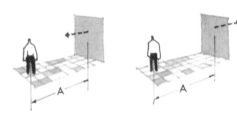

色彩的距离感

暖色有靠近感，冷色有后退感，同等距离，暖色墙会使人感到近一些，而冷色调则相反。

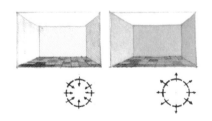

同等面积，暖色调的房间给人的感觉比冷色调的房间小一些。

色相的对比与冷暖

色彩的温度感

如果选用冷色系列布置，会比用暖色系列装饰显得冷一些。

色彩的重量感

一般来说，在室内设计中，房间的上部分多选用明亮的色调。

色彩的感知特性在家装空间调节时的应用

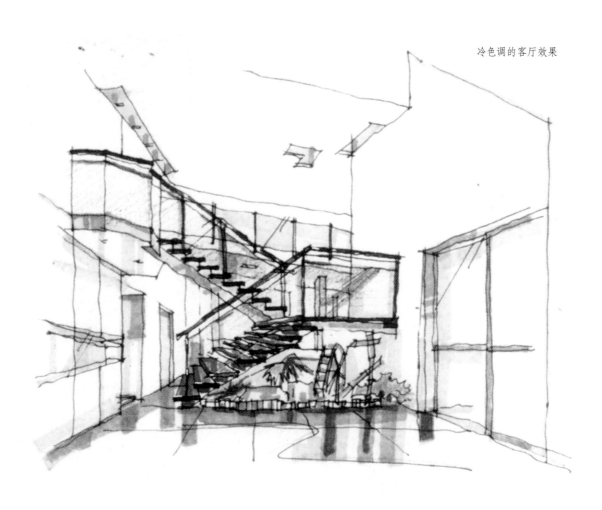

冷色调的客厅效果

设计师当场手绘完成的客厅设计效果图彩色完成稿

任何色相、色彩性质常有两面性或多义性，其中对感情和理智的反应，不可能完全取得一致的意见，我们要善于利用它积极的一面。一般来说，采用暖色相和明色调占优势的画面，容易造成欢快和亲切的气氛；而用冷色相和暗色调占优势的画面，容易造成宽敞和明快的气氛。这对室内色彩的选择和手绘的表达也有一定的参考价值。

　　只有在协调的基础上，才能追求
一些变化，以求达到丰富和有趣。

设计师当场手绘完成的卧室设计效果图彩色完成稿

如果搭配运用得好，即使那些色相相对的颜色同样也能产生协调的感觉。

设计师当场手绘完成的卧室设计效果图彩色完成稿

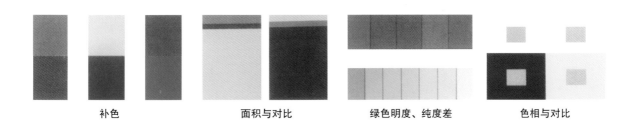

补色　　　　　　面积与对比　　　　绿色明度、纯度差　　　色相与对比

不要忽视材料的质感所带来的艺术效果，有时可能色彩比较单调，但仅仅是在材料质感上作一些变化，就会产生出人意料的效果。

设计师当场手绘完成的客厅设计效果图彩色完成稿

1.同类色系不同深浅的搭配

这是一种比较容易掌握的，但是又很出效果的色彩搭配方法。同类色，比较容易协调，但是却仍然不乏变化。房间的空间及其内部物品通过色彩的细微差别和微妙关系，联系在一起，形成一个完整、和谐的色彩空间。比如地面墙面顶棚采用柔和的色调，家具地毯装饰织物则选用与这些色调相同色系，但色彩更丰富、更亮丽的色调，会使室内整体环境显得十分优雅。

相近色彩的柔和搭配，可以为我们创造一个平静、舒适的环境，但这并不意味着在同色系组合中不采用其他的颜色。应该注意过分强调单一色调的协调而缺少必要的点缀，很容易让人产生疲劳感。如若能在柔和的居室里，恰倒好处地作一些色彩点缀，一定会获得意想不到的效果。

设计师当场手绘完成的卧室设计效果图黑白线条稿

2.对比强烈的色彩搭配

　　同类色的搭配方法容易协调，但是掌握不好也会过于呆板、缺乏变化。其实，要想使色彩协调，还有一种方法，这就是运用对比强烈的色彩搭配。采用这一手法来进行室内色彩设计，需要有较高的艺术水平，如果所选的对比色不成功，则会令人在房间里觉得不安宁、刺眼，同样也会产生疲劳感。常用的对比色有橙色和蓝色、红色和绿色、黄色和紫色，此外，还可以采用无彩色色调白灰黑，将它们与其他颜色相组合，如白与红、灰与蓝，以至

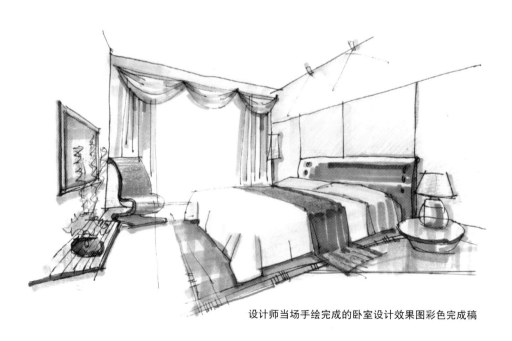

设计师当场手绘完成的卧室设计效果图彩色完成稿

黑与白等，都可以得到现代的、极富特色的室内环境。

一般来说，根据上面所述的配色原则，只要我们了解了色彩的感觉功能，熟悉了色彩组合的基本原理，再按照以下通用规则去进行室内配色设计，你就会发现，创造一个富有个性和美感的室内色彩环境其实并不难。

设计师当场手绘完成的客厅设计效果图彩色完成稿

①从室内整体色彩环境出发，选好基调，把握主旋律。色彩的基调一般由室内面积最大、吸引视线最多的色块决定，如地面、墙面、顶棚、落地窗帘、床单被罩等。

②暖色系的色彩适宜与创造亲切、舒适、温暖的气氛，而冷色系色彩则易于形成宽敞、优雅的环境。

③暖色系的色彩适宜于装饰寒冷地区的房间以及朝北等较阴冷的房间，而冷色系则适宜于装饰炎热地区的房间或朝南的眼光阳光充足的房间。

④强烈、丰富、深重的色彩适宜于装饰面积较大的房间，而明亮、浅淡的色彩则适宜于装饰面积较小的房间。

⑤前进色、对比色和高明度色彩可创造刺激、活波的环境，多用于装饰餐区和儿童房间；后退色和无彩色以及一些较为浅淡的色彩，则适宜于营造宁静、和谐的气氛，多用于卧室、书房和老年人的房间。

⑥对比色的选用应避免太杂，一般在一个空间里选用两至三种主要颜色对比组合为宜。

⑦适当选择某些强烈的对比色，以强调和点缀环境的色彩效果。如明与暗相对比、高纯度与低纯度相对比、暖色与冷色相对比，等等。

⑧无彩色系列的色彩，如黑、白、灰、金、银等，以及彩度极低的色系，没有强烈的个性，易于同任何色彩调和，一般用作背景色，以烘托主色。

设计师当场手绘完成的客厅设计效果图

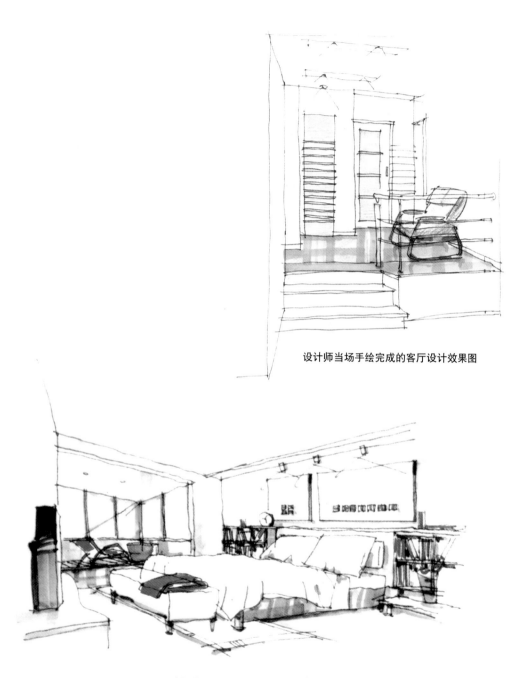

设计师当场手绘完成的客厅设计效果图

设计师当场手绘完成的客厅设计效果图

按季节的色彩关系配色

很多设计师虽然对家装色彩的特性和配色原则比较清楚，但是，在实际应用时却往往很难掌握得好，配色不是过于死板而缺少魅力，就是过于"火"而难看。家装设计时应该怎样选择颜色，怎样配色才既协调又好看？有没有更简便易行的方法呢？这就是我们要介绍的按季节的色彩关系配色地方法。

如果我们注意观察我们周围，就会发现自然界的彩色画卷随季节而变幻，每一季节的典型色彩总是那么相得益彰。原则上说，每种颜色都存在于四个季节中，但各自却有截然不同的特点。这种按季节划分色彩的方法是一种非常实用的方法，使家装色彩的搭配变得通俗易懂。

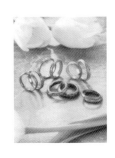

春天的色彩

以实物的色彩作为序曲，艳丽的花朵、清新的绿色和玫瑰色的花蕾，无处不在点缀着森林、草地和院落。红色的郁金香、淡紫的丁香花和亮黄的报春花组成了一幅绚丽多彩的画面。

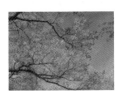

自然界某一色彩中丰富的色差可以在一定程度上用人工颜色复制还原，我们在家装配色时，只需按照四种季节和季节色彩氛围为依据来配色，就可以使居室既协调，又更具魅力。例如像面料、地板、油漆和墙纸的颜色，如果能结合造型、结构、材料的特征，辅以图案和照明的修饰，其效果将会更佳。

设计师当场手绘完成的卧室设计效果图

1.选择满意的季节的色彩

首先，选择哪一个季节能为家装客户带来最舒畅的感觉：是春天欢快多彩的花朵，还是夏日的沙滩和海水？是秋天色泽的安逸，还是冬天冰冷的严酷？当然，当机立断的纯感觉判断是最为理想的，因为直觉最能表明哪种是自己居室最理想的季节色彩氛围。应该相信自己的直觉。

我们不难发现，四季色彩可以很好地运用到室内装潢上，无论是室外还是室内都能产生相同的氛围效果。

如果基本上已选定某一季节色型，那么，可以说在选色方面已跨出了决定性的一步。接着便可将选定的某一季节色彩(假如还有些犹豫的话，就把几个不同的季节色彩)落实到具体的颜色和颜色搭配上，然后选定家具和摆设。

何种季节色彩最相宜？先弄明白以何种颜色为基本色，从而确定室内色彩的主调。

①黄色调是春季的基本色；

②夏季以蓝色为主要基本色；

③秋季以暖色调的红色为主题色；

④冷峻的黑色是冬季的基本色。

夏天的色彩

烦躁的炎热和闪烁的阳光给夏日勃发的壮观色彩蒙上了朦胧的面纱。在阳光的直射下，大地的棕褐色、米色和黄色都略显苍白，树叶柔和的黄绿色变成了微蓝的青绿，河水的色泽一片清新明净，松绿、深蓝和海洋绿。

设计师当场手绘完成的客厅设计效果图

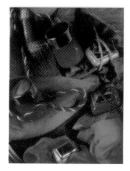

秋天的色彩

　　色彩呈现浓烈、明
快、温暖的泥土气息，
树叶的色彩受到丰收的谷
物、成熟的果实感染，显
得厚重沉稳。

设计师当场手绘完成的卧室设计效果图

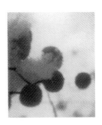

冬天的色彩

　　大自然银装素裹，五彩斑澜的生活进入了冬眠。除了杉树的绿色、天空的蔚蓝和日落的晚霞，地平线上笼罩着一派黑白交织的萧瑟。

设计师当场手绘完成的客厅设计效果图

2.选择合适的材料和家具搭配

　　每个季节色型都有自己特定的材料选择。仅是选对了颜色，并把它们凑合在一起，这还不能保证居室的安排真正具有和谐的风格，在这方面，从家具的木料到地毯的结构、图案、纹理，家具和配件的造型以及加工等等都是很重要的。根据季节色型的原理进行材料组合配色方案。

　　值得一提的是，颜色搭配合理，任何颜色都适宜。优选某种季节色型作为特定的基本色并不意味着把其他颜色归入禁忌色。例如，你决定选春季色型，但又特别偏爱红色，那么，完全不必将红色打入冷宫，只需从春季型色系中选出红色系列即可。

春季色的材料和家具搭配

　　春季型的基本色为黄色，色彩氛围柔和至活泼。

秋季色的材料和家具搭配

　　秋季型的基本色为红色。整个彩色画面以树叶的颜色、收获季节的庄稼和土地饱满的暖色调为主。

夏季色的材料和家具搭配

夏季型的基本色为蓝色。色彩氛围
是冷色，高雅、不醒目直至清新。

冬季型基本色为蓝色、纯白和纯
黑，勾勒出冷漠、务实的色彩氛围。

冬季色的材料和家具搭配

按照室内装饰风格特点来配色

　　家装室内风格主要是受家具和色彩的特点影响。应该懂得，每一种装饰风格都是一定社会环境下的产物，都带有深深的历史烙印。因此，住宅的室内装饰风格的确定，一定要符合当时当地的风俗习惯和社会环境，符合居住者的文化素养、生活方式、生活情趣和宗教信仰。室内总体艺术效果的设计要在实用基础上创造个性，避免杂乱落俗。典型的风格色彩设计为我们提供了很好的色彩设计样板。

1.英式古典风格

　　古典风格深受英国传统文化的影响，丰富活泼的文艺复兴在英国传统风格的影响下变得简洁、庄严，具有华丽、宁静、优雅等特征：

　　①主要借助家具与图案的运用表现其风格，在整体手法上，以对称式的造型及构图为主。

　　②水晶吊灯的运用展现气派非凡，设计壁炉造型。

　　③装饰性强，有很强的重量感，在空间上有较多的限制，如黄金分割的比例，空间的配置等。

　　④在色彩上的搭配上，多用深红、绛紫、深绿色等，以浑重的色壁纸与光辉明亮的顶棚，表现出古典沉稳的风貌。

英式风格的客厅

设计师当场手绘完成的餐厅设计效果图

2.法式古典风格

法式风格以辉煌的家具为主用，淡雅的背景色彩中，运用雕花线板与图案装饰空间，发掘华丽、细致的风采。

特征：

①对称式的造型设计加上金色线板的大金装饰，古典中透露出金碧辉煌。

②华丽风格的宫建桌椅是法式空间主题，壁面装饰图案以对称的排列形式，搭配罗马窗幔的妆点充满优雅的韵味。

③顶棚部分，运用特殊裂纹漆及金色线板，衬以晶莹的水晶灯，增进气派恢宏的感觉。

④门厅区以环绕的罗马柱的设计，展现出古典的对称美感。

⑤墙面部分，运用明镜营造空间穿透感，并且反映室内布置的富丽繁华。

法式风格的客厅

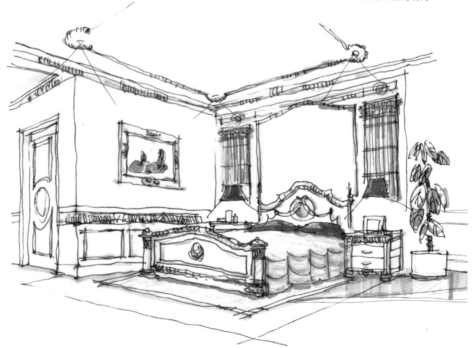

设计师当场手绘完成的卧室设计效果图

3.日本和式风格

具有愉快、舒适、轻松而有朝气的室内装饰风格。融合肌肤，以自然素材和色调为基础，它以洗练简约，优雅洒脱见长。特征：

①多用自然素材（杉、扁柏、竹、日本纸等）形成的材料，具有庄重感。

②多利用榻榻米、拉门、隔扇、帘子、涂壁等进行室内装饰的设计，以木格门和榻榻米为

主要特征。

③多利用自然材料（棉、麻、藤、抱木等）的特点而形成的质地，直线构成为主，具有青春朝气、轻便和愉快的设计。

④多用自然素材本身所具有的色彩为基调，简单、淡雅，以象牙色、自然色调为基调，以栩栩如生的柔和色调为主。以日本的传统颜色为重点。

日式风格的客厅

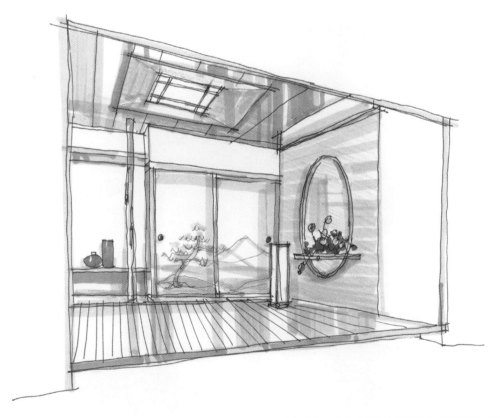

设计师当场手绘完成的和室设计效果图彩色完成稿

4.中国古典风格

中式风格的客厅

具有独特哲学和美学慨念的装饰风格，讲求合"礼"，具有强烈的象征性与实用性，表现一种含蓄、端庄、丰富和华丽的风采。

带有中式风格的特征：

①中式格局，强调合"礼"，注重方正，和用对称式的陈列方式，均衡的手法取得沉稳的效果。象征圆满的圆，是一重要诉求，顶棚、墙面常常以此为展现重点。

②摆饰品非常丰富，字画表现在空间中居主要地位，屏风、隔屏，兼具实用与美观的多种功能。

③色彩之间的关系多用原色处理，注重在强烈鲜明的色彩关系中进行对比和调和。

设计师当场手绘完成的客厅设计效果图

5.田园风格

  自然风格认为只有崇尚自然、结合自然，才能正当今冷漠机械的现状中取得生理、心理平衡。因此，室内多用木料、织物、石材等天然材料，显示材料的纹理、清新淡雅。相似的田园风格也可收入自然风格一类。田园风格在室内环境中力求表面悠闲、舒畅、自然的田园情趣，也常运用天然木、石、藤、竹等材质质朴的纹理，巧设室内绿化，创造自然、简朴、高雅的氛围。

设计师当场手绘完成的客厅设计效果图彩色完成稿

6.现代风格

现代风格重视功能空间的组织，一切皆以实用为装饰出发点，注意发挥结构本身的形式美，倡导根据功能与新技术、新材料来创造新式样。

在具体风格特点上，造型简洁，崇尚合理的构成工艺，发展出反传统的强调以功能布局为依据的不对称的构图手法。

带有现代风格的特征：

①大量采用了几何形象、原色以及垂直、水平线条组成室内的空间形式

②在室内的结构、家具陈设上，大量采用了系列化、标准化的构件，具有强烈的现代气息。

③使用不同质地材料时讲究材料自身的质地和色彩的配置效果。

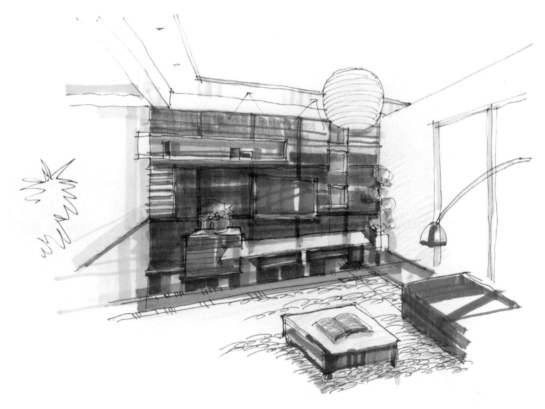

设计师当场手绘完成的客厅设计效果图

设计师常用家装色彩设计技巧

其实，设计师在进行家装色彩搭配设计和手绘表达时，总结了一些常用的原则和技巧，我们只要在实践中有意识地加以应用，再经过一定的练习，就会熟能生巧，驾轻就熟了。

首先，设计师在决定颜色之前要先决定材料——因为家装设计是靠材料来表现色彩的，要注意材料本身的颜色和质感，有些材料根本不需要上色。

其次，在决定颜色的顺序时，要从顶

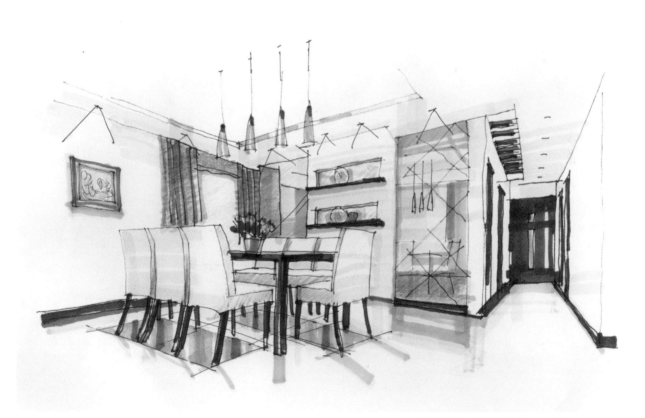

设计师当场手绘完成的餐厅设计效果图彩色完成稿

棚、墙壁、地面等从大面积方面开始。一般来说，反射率（明度）是：顶棚80%、墙壁60%、地面30%左右。彩度：顶棚最淡、地板最浓。

整个画面的色素不宜太多，基本上2～4色就够了，5色就太多了。因为随着色数的增加，会使颜色效果显得杂乱而单薄。

选择和使用颜色的时候，要多考虑到颜色的明晰度，在明暗和浓淡上考虑有适当的差别。不恰当的对比色（如红绿搭配）要慎重使用，如果位置和比例对比太强烈，会使人心理上难受。

尽可能使颜色具有共同性——如在应

设计师当场手绘完成的客厅设计效果图彩色完成稿

用颜色深浅变化中适当考虑到色差；与此同时，在色相方面考虑近似感，这样可以统一起来。在各个颜色中含有同色系，这是调和的基础。

鲜艳的颜色用在小的部分——鲜艳的颜色作为突出点的颜色来用，就是为了突出基调色的时候用；如果用在大面积上，那室内的气氛就被鲜艳的颜色夺走了。

要学会流利地使用无彩色，也就是白色、黑色，或银色，在画面上要注意适当地留白。添加无彩色就能在配色上增加调和感，即使是色相搭配不好的颜色，从中添加白色、银色或黄色，画面就会就显得调和。

设计师当场手绘完成的客厅设计效果图彩色完成稿

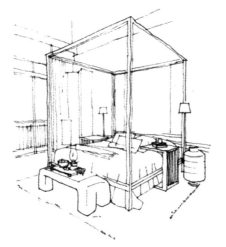

室内尽可能两处以上使用同一颜色——譬如窗帘、坐垫、顶棚和照明用具上用同一个颜色；这是颜色的交换技巧，容易带来别致的效果，也很容易协调。

对于一些不太熟练的设计师，配色时最好要多使用看惯了的颜色。虽然有些设计师在配色技巧上很熟练，但是，眼生的

设计师当场手绘完成的卧室设计效果图黑白线条稿

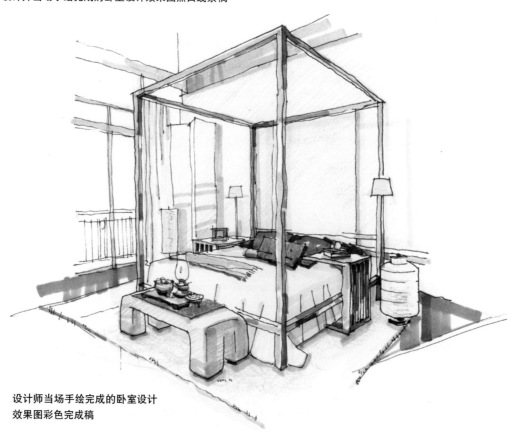

设计师当场手绘完成的卧室设计
效果图彩色完成稿

配色会给人奇异的印象，掌握不好会有风险。如果配上自然界四季的自然色、花草或小鸟的颜色，会给人带来温暖感，也很容易出效果。

用色不要一味地写实，快速手绘表达跟照片是不同的，其装饰性和调子感是非常重要的。设计师要充分发挥独创性——

设计师当场手绘完成的客厅设计效果图黑白线条稿

设计师当场手绘完成的客厅设计效果图彩色完成稿

表现时代与风格也是一种常用的方法。在对整个住宅整体的色彩设计要有明确的概念的基础上，也可以提出具有个性的色彩设计配色。

设计师当场手绘完成的客厅设计效果图黑白线条稿

设计师当场手绘完成的客厅设计效果图彩色完成稿

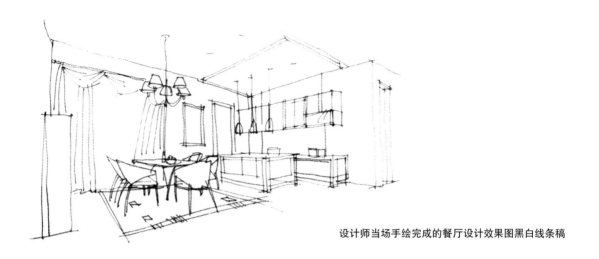

设计师当场手绘完成的餐厅设计效果图黑白线条稿

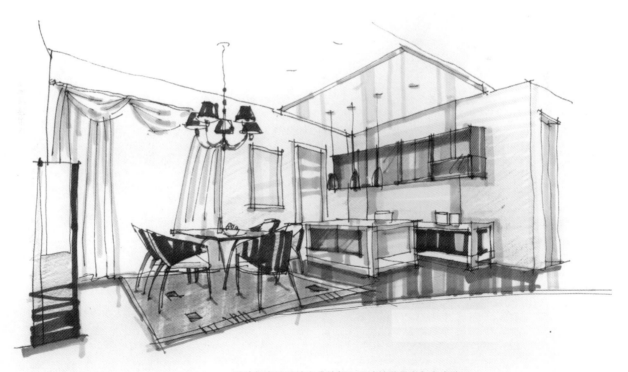

设计师当场手绘完成的餐厅设计效果图彩色完成稿

参考书目

1. 蓝先琳主编.造型设计基础.平面构成.中国轻工业出版社.
2. 贾森主编.金牌设计师签单高手基础教程.西安交通大学出版社.
3. 么冰儒编著.室内外快速表现.上海科学技术出版社.
4. 贾森主编.买房的学问.机械工业出版社.
5. 贾森主编.家装的计谋.机械工业出版社.
6. 彭一刚著.建筑空间组合论.中国建筑工业出版社.
7. 霍维国，霍光编著.室内设计工程图画法.中国建筑工业出版社.
8. 冯安娜，李沙主编.室内设计参考教程.天津大学出版社.
9. 杨键编著.室内徒手画表现法.辽宁科学技术出版社.
10. 胡锦著.设计快速表现.机械工业出版社.
11. 杨键编著.家居空间设计与快速表现.辽宁科学技术出版社.
12. [美]伯特·多德森著.素描的诀窍.蔡强译，刘玉民校.上海人民美术出版社.
13. 吴卫 著.钢笔建筑室内环境技法与表现.中国建筑工业出版社.
14. 来增祥 陆震纬编著.室内设计原理.中国建筑工业出版社.
15. 保罗·拉索著.图解思考——建筑表现技法.丘贤丰，刘宇光，郭建青译. [美].中国建筑工业出版社.
16. 杨志麟.设计创意.东南大学出版社.
17. 吉什拉·瓦特曼著.温馨居室与你.葛放翻译.江苏科技出版社.
18. [日] 松下住宅产业株式会社编著.家居设计配色事宜.广州出版社.
19. 欧志横编著.舒适温馨创意室内设计.广州出版社.
20. 李长胜编著.快速徒手建筑画.福建科学技术出版社.
21. 何振强，黄德龄主编.室内设计手绘快速表现.机械工业出版社.
22. 郑孝东编著.手绘与室内设计.南海出版公司.

在编辑过程中，我们选用了部分手绘和图片作品。由于时间仓促无法和作者取得联系，特此歉意，并希望这些作者迅速与编者联系，以便领取稿酬。